U0332872

中欧遥感科技合作
"龙计划" 文集

王琦安　李增元 等◎编

科学技术文献出版社
SCIENTIFIC AND TECHNICAL DOCUMENTATION PRESS
·北京·

图书在版编目（CIP）数据

中欧遥感科技合作"龙计划"文集 / 王琦安等编. —北京：科学技术文献出版社，2022.5
ISBN 978-7-5189-9108-2

Ⅰ.①中…　Ⅱ.①王…　Ⅲ.①遥感技术—国际科技合作—中国、欧洲—文集
Ⅳ.① TP7-53

中国版本图书馆 CIP 数据核字（2022）第 065246 号

中欧遥感科技合作"龙计划"文集

策划编辑：张　闫　　责任编辑：李　晴　　责任校对：张永霞　　责任出版：张志平

出 版 者	科学技术文献出版社	
地　　址	北京市复兴路15号　邮编 100038	
编 务 部	(010) 58882938，58882087（传真）	
发 行 部	(010) 58882868，58882870（传真）	
邮 购 部	(010) 58882873	
官 方 网 址	www.stdp.com.cn	
发 行 者	科学技术文献出版社发行　全国各地新华书店经销	
印 刷 者	北京时尚印佳彩色印刷有限公司	
版　　次	2022 年 5 月第 1 版　2022 年 5 月第 1 次印刷	
开　　本	787×1092　1/16	
字　　数	294千	
印　　张	17.75	
书　　号	ISBN 978-7-5189-9108-2	
定　　价	99.00元	

版权所有　违法必究

购买本社图书，凡字迹不清、缺页、倒页、脱页者，本社发行部负责调换

《中欧遥感科技合作"龙计划"文集》
编委会

主　任　王琦安　李增元

副主任　刘志春　张松梅　吕先志　高志海

成　员（按姓氏笔画排序）

王　乐　王丝丝　王瑃瑜　邓兴瑞　付　漫　刘　爽

刘　毅　刘一良　刘阳同　孙　斌　杜培军　李　晗

李　新　李晓明　吴俊君　吴俊娜　张　弛　张　景

张兆祥　陈尔学　苗　晨　范锦龙　孟俊敏　赵鲜东

柳钦火　夏长群　郭　明　唐丹玲　税　敏　鲁旸筱懿

曾琪明　廖明生

序

遥感技术作为信息基础设施在空间领域延伸的重要支撑技术，是当今世界正在蓬勃发展的战略高技术之一，广泛应用于气候变化、资源监测、粮食安全、能源安全、环境保护、防灾减灾等诸多领域，为探索未知世界、发现自然规律、保障国家安全、促进经济社会高质量发展提供了物质技术基础。

国际交流合作是科学技术发展的重要推动力，在全球化趋势推动下，加强遥感领域的国际合作与交流也至关重要。搭建遥感领域合作交流的平台、开展深入的合作研究与学术交流、促进遥感领域数据共享，对于拓展遥感技术应用面具有重要意义。同时，充分了解、借鉴和推广在相关领域利用遥感技术应用的经验，对各国充分挖掘遥感领域科技设施的应用效能也意义非凡。

欧盟和中国都是世界重要的经济体，中国科技部和欧洲空间局是老朋友、好伙伴。自 1994 年中国科学院卫星地面站开始正式接受欧洲资源卫星（ERS）数据开始，双方的合作机制在不断完善，合作范围也在不断扩展。2004 年，为建立对地观测数据应用研究的联合研究队伍，促进双方卫星遥感应用技术水平的提高，在中欧双方共同推动下，中欧合作"龙计划"发轫，将中欧在遥感领域的合作推向了新阶段。目前，"龙计划"已顺利完成前四期合作，第五期合作正在如火如荼地进行中。自"龙计划"实施 18 年来，中欧双方在生态系统、防灾减灾、大气气候、海洋 / 海岸带等 80 多个细分研究领域开展了广泛合作，近 800 名中欧科学家参与其中，千余名青年后备人才以不同的方式接受了专题培训。在符合各自数据管理政策的前提下，双方遥感领域卫星数据的开放共享水平显著提升，取得了一大批具有国际先进水平的创新性研究成果，培养了一大批遥感领域的科研新锐，将"政府搭建平台、科学家自主参与、共享地球观测数据"的高效合作机制打造成为中欧双边最成功、最具活力的典范之一。

十八载同德同心，十八载携手共进，中欧双方真诚交流，广泛合作，取得了丰硕的成果。自 2019 年起，由科技部国家遥感中心牵头，会同中国林业科学研究院资源信息研究所"龙计划"管理工作支撑团队，经征求参与"龙计划"合作资深专家意见，面向多年来"龙计划"项目参与团队和个人广泛征集素材，以期汇编成文集，把宝贵的观点和知识财富保存并传承下去，同时对中欧通力合作取得的宝贵成果进行总结和梳理，使读者有过往之可鉴，更有未来之可期，若能对遥感领域的同人也有一些裨益，实则是一大幸事。

本文集包含以下 5 个篇章，分别为回顾总结篇、专家篇、青年才俊篇、成果篇、感想趣事篇。不仅包含了大家对"龙计划"发展历程的回眸，也包含了对未来的展望；不仅包含了各位专家、新锐独到的观点和视角，也包含了各位科学家在具体领域取得的成果，同时对十八载合作历程中的趣事、花絮、感想用文字进行了记录。今天的我们既是记录者，也是传承者，点点滴滴汇成此集，以飨读者。

成文之际，特别感谢徐冠华、曹建林、黄卫、张建国、王曦、张广军等科技部领导对"龙计划"合作提供的支持和指导。感谢科技部高新司、合作司和人事司等部机关司局在管理协调方面给予的大力支持。特别感谢科技部国家遥感中心和中国林业科学研究院资源信息研究所"龙计划"管理团队历任领导对"龙计划"实施给予的科学谋划和坚强领导。此外，衷心感谢李德仁院士、童庆禧院士、潘德炉院士、龚健雅院士、周成虎院士等专家对"龙计划"的科学指导和鼎力相助。

我们希望"龙计划"文集不仅能够成为借以学习的工具，更能够成为记录科技部和欧洲空间局合作历程的载体，我们所有人所做的努力和坚持都能被传承、被看见、被记忆。

由于时间仓促、经验不足，书中不免有欠妥之处，诚请读者不吝斧正。

王琦安

2022 年 3 月 17 日

目 录

成果篇

感想趣事篇

附　录

中欧遥感科技合作"龙计划"文集

回顾总结篇

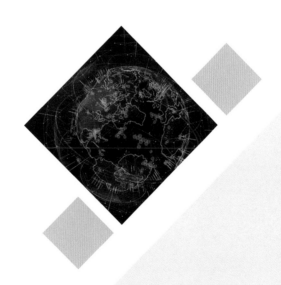

从青涩到成熟，"龙计划"合作硕果累累

王琦安

（国家遥感中心主任）

"龙计划"（Dragon Programme）合作最早起源于科技部与欧洲空间局 1997—2002 年围绕欧洲资源卫星开展的遥感应用合作，中欧双方组织科学家围绕中国南方水稻监测、北京土地利用制图、洪水灾害监测、中国森林制图等开展联合研究，建立了良好的合作基础。2002 年 6 月，科技部部长徐冠华访问欧洲空间局，双方就加强遥感科技领域合作达成共识。在此背景下，"龙计划"应运而生，并于 2004 年正式启动，具体由国家遥感中心和欧洲空间局对地观测部共同组织实施，合作的主要目标是建立对地观测数据应用研究的中欧联合研究队伍，促进双方卫星遥感应用技术水平的提升。

近 20 年来，在科技部和国家遥感中心历任领导的关怀和指导下，"龙计划"以陆地、大气和海洋遥感卫星应用为核心，通过开展合作研究和联合培养，取得了一批高水平研究成果，共享了大量先进遥感数据，培养了一大批技术人才，提升了中欧双方遥感技术应用水平，探索出了一套"政府搭建平台，科学家自主参与，共享地球观测数据"的国际科技合作新机制。我国著名遥感专家李德仁院士认为，"中欧科技合作'龙计划'无论是合作规模和研究水平还是所取得的成效，都堪称空前，已引起国内外同行的广泛关注"。欧洲空间局前任局长扬·沃纳也盛赞"龙计划"成为国际合作的一个范例，有力地推动了双方遥感合作向深度和广度发展。

还记得 2017 年 6 月我初次参加"龙计划"年度盛会，当时会议选在风景秀美的哥本哈根举办。令我印象深刻的是到场的 160 余名中欧科学家和管理人员宛若

一个大家庭，谈学术、谈理想，整个气氛其乐融融。不难看出，十几年的合作不仅使中欧双方产出了大批研究成果，更铸就了双方深厚而纯粹的友谊。

回顾"龙计划"的发展历程，中欧管理人员一路摸索，总结经验，促使该合作机制从青涩到成熟，从单纯的科技合作逐渐转变为科技合作、人文合作、文化合作融合发展，将"龙计划"打造成为中欧遥感科技合作最有影响力的平台。"龙计划"的实践也见证了这一合作机制所发挥的重要作用。

一是合作领域不断拓宽，合作规模不断扩大

经过十几年的发展，"龙计划"合作从一期的 16 个项目拓展到五期的 10 个领域 55 个项目，中欧双方参研人数从一期的 176 人增长到五期的 736 人，累计 1971 人。共享数据源更加丰富，从早期欧方共享了 3 万多景的欧洲 ENVISAT 卫星遥感数据，到近期中欧双方共享了欧洲哨兵系列卫星、中国风云卫星和碳卫星等数据，不仅丰富了合作研究的地球观测数据资源，提高了合作研究的水平，而且推动了中欧地球观测卫星数据的深入应用，扩大了双方地球观测卫星数据在国际上的影响。2020 年，为全面推动中欧科技人员参与温室气体遥感监测和数据应用研究等开放合作，中欧双方签署了《科技部国家遥感中心和欧洲空间局关于温室气体遥感监测及相关事宜协同的协议》，合作领域进一步扩大。

二是取得了一大批国际先进的合作研究成果

"龙计划"是消化吸收、技术创新的平台，合作开展的诸如合成孔径雷达干涉测量（InSAR）、森林制图、海洋环境监测和大气化学监测等研究课题，都是当前国际遥感技术发展的前沿。取得的多项遥感应用技术研究达到了国际领先水平，有些还填补了国内研究的空白。例如，中欧研究团队利用 InSAR 技术实现了地震地表形变的准确监测，为汶川等重大地震灾害的灾后评估提供了重要依据；利用卫星和地面大气二氧化碳浓度观测数据，借助"自上而下"反演算法，分析发现我国巨大的陆地生态系统固碳能力被以往研究严重低估，相关成果在国际顶尖期刊《自然》上发表。

三是带动了研究团队建设和优秀青年人才培养

"龙计划"合作始终将人才培养作为重点，为中欧青年学者的快速成长创造了有利条件。中方专家中有近 80% 都是 45 岁以下的青年学者，他们不仅是合作研究中最活跃的力量，更是这项合作最直接的受益对象。通过合作研究，大批中方学者已成长为我国各遥感应用领域的技术带头人。此外，中欧共同举办了 16 次陆地、海洋、大气遥感高级培训班，我国共有 1278 人次接受了培训。据统计，60% 以上的学员已成为各遥感应用领域的技术骨干，部分已成为领军人才。

展望

通过科技部和欧洲空间局及双方科学家的共同努力，2018 年 11 月，科技部与欧洲空间局在第五次中欧空间科技合作对话时正式签署了"龙计划"政府间合作协议，协议中双方明确表达了愿意开展"龙计划"五期乃至未来的合作，持续推动双方在地球观测领域的应用研究、技术培训、学术交流和数据共享。受新冠肺炎疫情影响，五期启动会于 2020 年 7 月 21 日通过线上形式成功举办。在线下会议无法举办的情况下，经双方协商后，于 2022 年 4 月 1 日在线完成了五期合作协议的补签，这标志着科技部和欧洲空间局将继续深耕地球观测领域国际科技合作，为双方未来合作的稳步实施及向深度、广度发展奠定良好基础。

未来，国家遥感中心将一如既往，持续推动中欧科技合作的稳步实施，并与欧方一道，把握创新发展机遇，为推动构建人类命运共同体积极努力，为全球治理贡献中国力量。

"龙计划" 对中国遥感的贡献与体会

李德仁

（中国科学院院士、中国工程院院士、武汉大学教授）

欧洲空间局是欧洲国家组织和协调空间科学技术活动的机构，其任务是制定空间政策和计划、协调成员国的空间政策和活动、促进成员国空间科学技术活动的合作和一体化。科技部与欧洲空间局合作开展的"龙计划"是目前我国在地球观测领域最大的国际科技合作项目，该项目于 2004 年正式开始实施，已成为中欧地球观测科技合作的重要平台，有力地促进了中欧遥感科技界的交流与合作，推动了双方遥感应用技术的提高，产生了良好而广泛的国际影响。欧洲空间局的国际合作项目起名都非常有特点。欧洲空间局援助非洲的项目叫"TIGER"，因为非洲虎很有名；与中国的合作项目称为"龙计划"（Dragon Programme），也富有中国传统文化的意味。

"龙计划"合作是从数据共享开始的。欧洲空间局在 1979 年后成功发射了科学、海事、气象、通信等数十颗卫星，1991 年 7 月与 1995 年 4 月先后成功发射了两颗搭载合成孔径雷达（SAR）的地球资源卫星 ERS-1 和 ERS-2；1999 年 11 月发射了搭载先进合成孔径雷达（ASAR）传感器的 Envisat 卫星，有同极化和交叉极化两种极化模式；自 2014 年以来，欧洲空间局又相继发射了 Sentinel-1 A 和 Sentinel-1 B 雷达卫星。欧洲的雷达卫星很先进，他们希望通过数据共享，鼓励欧洲和其他地区的科学家合作，共同研究资源与环境的有关问题，同时把欧洲空间局的卫星资源用好。通过"龙计划"的实施，我们获得了大量欧方雷达卫星数据，很大程度上解决了我国雷达遥感数据缺乏的问题。

合成孔径雷达干涉测量技术（InSAR）充分利用了雷达回波的相位信息，

不仅可以获得高精度、大面积的地面高程信息，而且还可以利用差分干涉技术（D-InSAR）监测地面毫米量级的微小位移，其应用范围相当广泛，如地质灾害监测、地球动力学研究等。干涉测量的精度很大程度上取决于双天线之间距离的量测精度，国际上公认的绝对精度到厘米，相对精度到 1 mm。现在做得最好的就是德国航天局，他们做的 TanDEM-X 就是从一个卫星上将波束打出去，两个卫星上的天线同时接收，这两个卫星之间距离测量的相对精度能够达到毫米。在"龙计划"合作中，我们与意大利著名的雷达遥感专家洛卡教授的合作以上海地面沉降监测为重点内容，取得了很好的成果，也得到了充分肯定与广泛好评。上海近几年的地面沉降趋势，跟 10 年前或是更早以前相比，有明显好转，总体上可控。"龙计划"地面沉降监测的成果已经在我国许多城市推广应用。

"龙计划"为解决科学问题、培养研究团队、促进国际同行间研究合作提供了良好的平台。通过组织青年学者参与合作研究、举办高级培训班、国外短期培训、举办系列学术研讨会等多种途径培养青年人才，使他们有机会与欧洲顶尖的科学家学习和交流，开阔他们的视野，从根本上提高青年科技人员的科学研究能力，增强我国遥感科技研究后劲。武汉大学与米兰理工大学在"龙计划"下开展了"三维和四维地形测量与验证"项目，并建立了坚实的合作基础，正向高铁形变监测和碳中和方向拓展。自"龙计划"一期实施以来，武汉大学已先后派出 4 名博士生赴米兰理工大学进行联合培养。"龙计划"开展的长期合作促进了学生访学、科学研究，并创造了许多工作岗位，开展的研究合作数不胜数。

依托"龙计划"搭建的遥感科技合作平台，中欧双方科学家就共同感兴趣的研究主题，组建联合研究队伍，开展合作研究和开展学术交流，极大地拓宽了合作和交流的领域，全面推动了我国遥感应用技术水平的提高。特别是"龙计划"以技术合作为核心，自找合作伙伴，主要围绕卫星遥感数据的应用开展合作研究，针对性强，实现了对口合作、强强联合，使我国科学家直接参与欧洲最先进卫星数据的应用开发，从而使我国在某些遥感应用领域从一开始就占据一席之地。合作的起点高，各研究课题中欧双方都由著名科学家领衔组建合作研究队伍，开展合作研究和学术交流，特别是中方科学家有机会与欧洲顶尖的科学家进行交流，了解和学习欧洲最先进的遥感技术，从根本上提高我国遥感高技术的研发能力。特别是每年轮流在中欧召开的学术研讨会，都是一次中欧遥感科技学术交流的盛会，会上双方科学家畅所欲言，对重大科学问题充分发表自己的学术观点，有争论也有肯定，达到了学术上相互学习、相互交流的目的。同时，学术研讨会也为

中欧科学家提供了一次思想和文化交流的机会，通过交流，增进了双方的相互了解，加深了中欧科学家之间的友谊，坚实了双方合作的基础。令人特别高兴的是，意大利雷达遥感专家洛卡教授还获得了由国家主席习近平颁发的中华人民共和国国际科学技术合作奖。

中欧合作"龙计划"执行过程与合作经验

李增元

("龙计划"中方首席科学家、中国林业科学研究院资源信息研究所研究员)

我国与欧洲在遥感领域合作历史已久。1994 年我国开始正式接收欧洲的 ERS 卫星数据。1997—2002 年,为推动 ERS 卫星数据在我国的应用,双方组织科学家围绕中国南方水稻监测、北京土地利用制图、洪水灾害监测、中国森林制图等开展合作研究。2002 年 3 月 1 日,欧洲空间局的 ENVISAT 发射成功,该卫星携带了 12 种针对不同应用目标的传感器,也是全球当时在轨的最先进的地球资源观测卫星之一。同年 6 月,科技部部长徐冠华访问欧洲空间局,中欧双方都表达了在遥感领域深入合作的愿望。为落实高层会谈的成果,双方决定正式启动一个大型的合作研究计划——"龙计划"(Dragon Programme),该计划于 2004 年正式启动实施,合作的主要目标是建立对地观测数据应用研究的中欧联合研究队伍,促进双方卫星遥感应用技术水平的提升。

"龙计划"是目前我国在遥感科技领域最大的国际合作计划,由国家遥感中心和欧洲空间局对地观测部共同负责实施,中欧合作"龙计划"至今已执行了 18 年,圆满完成了四期合作任务。

一、项目的组织和管理

中欧合作"龙计划"的组织和管理主要包括总体组织、活动管理和人员管理 3 个方面的内容。

（一）总体组织

"龙计划"合作中欧双方分别由科技部国家遥感中心和欧洲空间局对地观测部负责实施。科技部国家遥感中心主任担任中方负责人，欧洲空间局对地观测科学应用与新技术部主任担任欧方负责人，双方共同领导和组织整个合作计划的执行，共同决定合作过程中的重大事宜。此外，中方和欧方各设 1 名首席科学家，共同负责和组织管理具体合作事宜。为保证合作的顺利进行，中方成立了管理办公室，协助负责人和首席科学家处理合作的日常事务。欧方也成立了专门的管理机构，由专人负责计划的日常管理。

中欧双方为"龙计划"确定的参与原则是"自主参与、自找合作主题"，在此原则指导下征集合作研究项目，其目的是为中欧遥感界搭建一个技术合作和学术交流的广泛平台，全面推动双方遥感应用水平的提高。每期合作，双方首先根据遥感科技的最新发展方向和共同关注的遥感应用领域，共同确定合作研究主题并发布指南，向中欧科学家征集合作研究项目，并通过专家网评和会评遴选确定合作研究项目，项目设双责任专家（中欧双方各 1 名）共同负责项目的组织实施。

计划执行期间，双方首席科学家和主要管理人员每年召开 3 ~ 4 次双边管理会，制订实施计划，组织合作活动，考察项目单位和项目区，了解各项目的进展。双方还不定期召开由双方主要管理人员参加的电话会议，互通项目信息，协商解决计划执行过程中的问题。现已初步形成适合"龙计划"合作特点、较规范的项目管理模式。

"龙计划"每年出版论文集或宣传册，总结合作成果，在欧洲和中国广泛分发，对及时宣传合作成果、扩大合作影响起到了重要作用。

（二）活动管理

"龙计划"合作活动分计划和项目两个层次，计划层次的活动由合作办公室与活动的具体实施单位共同组织管理，而项目层次的具体研究和交流活动直接由各项目的责任单位和责任专家负责组织和管理。

计划层次的活动主要包括组织大型国际研讨会、专题性的遥感高级培训班等。"龙计划"每年举办一次 200 ~ 300 人规模的国际学术研讨会，由中欧双方轮流承办，双方的合作办公室负责组织双方科学家和技术人员参会。双方每年在我国举办一次专题性的遥感高级培训班，其中，举办陆地遥感培训班 8 次、海洋遥感培训班 5

次、大气遥感培训班 3 次。

（三）人员管理

"龙计划"实行比较宽松的项目人员管理制度。双方除组织相对稳定的管理队伍外，在具体研究项目的征集和遴选中，管理层面主要对各项目的依托单位和责任专家的能力进行评估，并进行遴选，其他参与人员由各项目的责任专家自主组织和管理。虽然人员也相对固定，但执行过程也都不断有青年科学家加入。为支持"龙计划"的实施，欧洲空间局组织了比较完善的研究队伍，但除管理人员外，也没有全职聘用的专家，基本是以项目活动确定专家的工作时间和经费支持。

二、执行过程与进展

中欧"龙计划"合作包括合作研究、学术研讨与交流、技术培训和遥感数据共享 4 个方面内容。

（一）合作研究

"龙计划"一期主要围绕欧洲的新一代资源环境卫星——ENVISAT 卫星数据在我国的应用开展合作研究，下设水稻监测、中国森林制图、地形测量等 15 个具体合作研究项目，之后为支持空间遥感技术服务 2008 年北京奥运会，双方共同决定增加了一个对地观测与奥运项目，中方有 32 家相关遥感单位的 119 名科学家和青年科研骨干参与各课题的合作研究，欧方由来自德国、法国、意大利、西班牙、挪威、英国、芬兰、比利时、荷兰、希腊等 10 个欧洲空间局成员国的 50 多名世界知名科学家和青年专家参与研究工作。

2008 年在北京召开的"龙计划"一期总结暨二期启动会上，中欧双方正式签署了"龙计划"二期合作协议，这也标志着"龙计划"二期的正式启动。二期合作内容更广泛，共设置了 25 个具体合作研究项目，研究内容涵盖农业、水利、林业、海洋、大气、测绘、灾害等遥感应用的诸多领域。参加二期合作的双方单位达 165 家、科学家达 400 多名。

"龙计划"三期共设置 51 个合作研究项目，在延续一期和二期合作模式的基础上，重点面向欧洲、中国最新发射和将要发射的科学探索卫星，开展遥感应用、定标和真实性检验等方面的合作研究，并进一步扩展地球系统科学和全球气候变

化方面的研究，增加地球重力场、大地水准面、冰冻圈、大气科学、地球磁场及其演化、大气气溶胶变化及地球系统科学和气候变化等合作研究内容。

为加强合作研究项目的管理，对"龙计划"四期的合作研究模式进行了改革，实行项目下设课题的模式，四期合作共设置 28 个项目，下设 77 个研究课题，研究内容涵盖固体地球、海洋与海岸带、大气与气候变化、可持续农业与水资源、生态系统、城市化、水文和冰冻圈、定标和真实性检验 8 个遥感应用领域。中欧双方有来自 234 个科研院所和高校的 637 名知名专家和青年科学家参加"龙计划"四期合作研究。

（二）学术研讨与交流

为及时总结"龙计划"中欧合作研究取得的成果，促进双方的学术和技术交流，"龙计划"每年举办一次 200 ~ 300 人规模的国际学术研讨会，目前已分别在我国和欧洲连续举办了 16 次高水平的学术研讨会，中欧双方近 3000 人次参会。

1."龙计划"一期合作

"龙计划"每年举办一次国际学术研讨会。一期合作期间，中欧双方共同在福建厦门、希腊圣托里尼、云南丽江、法国埃克斯—普罗旺斯和北京举办了 5 次国际学术研讨会，参加研讨会的中欧领导和科学家达 800 多人次。2004 年 4 月 27—30 日在福建厦门召开"龙计划"项目启动会暨 2004 年学术研讨会，这标志着"龙计划"项目的正式启动。

2."龙计划"二期合作

二期合作期间，中欧双方共同在北京、西班牙巴塞罗那、广西阳朔、捷克布拉格和北京举办了 5 次国际学术研讨会，参加研讨会的中欧领导和科学家近 1300 人次。2008 年 4 月 21—25 日，在北京召开了"龙计划"一期总结暨二期合作启动会，此次研讨会的召开不仅标志着中欧"龙计划"一期合作的圆满结束，也标志着"龙计划"二期合作项目的正式启动。时任科技部副部长曹健林出席了在广西阳朔召开的 2010 年"龙计划"二期中期成果学术研讨会并在大会开幕式上讲话。

3."龙计划"三期合作

三期合作期间，中欧双方共同在北京、意大利巴勒莫、四川成都、瑞士因特拉肯和湖北武汉举办了 5 次国际学术研讨会，参加研讨会的中欧领导和科学家达 1400 多人次。2012 年 6 月 25—29 日，在北京召开了"龙计划"二期总结暨三期合作启动会，双方正式签署了科技部和欧洲空间局"龙计划"三期合作协议，时任科技部副部长曹健林出席闭幕式。

4. "龙计划"四期合作

四期合作期间，中欧双方共同在湖北武汉、丹麦哥本哈根、陕西西安、斯洛文尼亚卢布尔雅那举办了4次线下国际学术研讨会，参加研讨会的中欧领导和科学家达900多人次。2016年7月4—8日在湖北武汉召开了"龙计划"三期总结暨四期合作启动会。

由于受新冠肺炎疫情的影响，"龙计划"五期启动会以在线形式于2020年7月21日召开，时任科技部副部长王曦和欧洲空间局局长Jan Woerner博士出席会议并讲话。2021年7月，线上召开"龙计划"四期总结和2021年五期学术研讨会。

（三）技术培训

在"龙计划"合作框架下，国家遥感中心和欧洲空间局对地观测部每年共同在我国组织举办一次专题性的遥感高级培训班，培训班选择国内的大学或科研机构具体承办，荷兰屯特大学协办。现已举办了16次。培训班为期一周，主要面向国内相关研究和教学单位的年轻科研人员、研究生招生。

1. 陆地遥感高级培训班

自2005年，中欧合作"龙计划"分别在北京、武汉、兰州、南昌、天津、昆明和重庆举办了8期陆地遥感高级培训班，邀请了欧洲和中国陆地遥感领域著名专家148人次为培训班授课并指导学员操作实习，国内相关陆地遥感单位的754名学员参加了培训。授课专家以欧洲空间局和中国的卫星遥感数据为例，从SAR和可见光—热红外影像的基础特征入手，围绕农业、林业、水和碳循环、地质灾害、干旱、洪涝灾害、火灾监测及全球变化等领域的遥感应用开展培训，为我国培养和储备青年遥感人才。

2. 海洋遥感高级培训班

自2004年，中欧合作"龙计划"分别在青岛、杭州、上海、香港和深圳举办了5期海洋遥感高级培训班，培训班邀请了欧洲和中国海洋遥感领域的著名专家89人次为培训班授课并指导学员操作实习，国内相关陆地遥感单位的319名学员参加了培训。培训班课程充分体现了理论联系实际的培训宗旨，既讲授海洋水色、海洋动力、海洋灾害及海岸带环境等方面的理论知识，同时又结合实例，教授相关软件工具的使用方法等。这些培训班的举办为推动我国青年海洋遥感科技人才的培养做出了贡献。

3. 大气遥感高级培训班

自 2006 年起，中欧合作"龙计划"分别在北京、南京和上海举办了 3 期大气遥感高级培训班，培训班邀请了欧洲和中国海洋遥感领域的著名专家 40 人次为培训班授课并指导学员操作实习，国内相关陆地遥感单位的 175 名学员参加了培训。培训班课程充分体现了理论联系实际的培训宗旨，课程包括大气遥感理论与大气遥感实习两部分内容。学员不仅可以接触到国际上遥感科技的最新进展，而且能够掌握目前大气遥感研究的新思路与新技术，提高遥感分析应用和操作的能力。

（四）遥感数据共享

"龙计划"一期执行期间，欧洲空间局向各合作研究项目提供卫星遥感数据共享，保障各项合作研究工作的顺利开展。一期合作期间，欧洲空间局向"龙计划"提供了 20 400 景 ENVISAT 与存档 ERS 遥感影像数据。另外，中方还获得了超过 4000 轨的大气化学传感器数据。

二期项目期间，除欧方继续提供遥感数据外，中方的 Beijing-1、CBERS 等卫星遥感数据也加入了二期合作框架，极大地满足了合作研究领域扩展的数据需要。二期合作期间，中方提供卫星数据 2018 景，欧洲空间局共提供数据 14 816 景。"龙计划"首次使用中方遥感数据，丰富了"龙计划"合作研究的数据源，提高了合作研究的水平，也扩大了我国遥感数据在欧洲的影响。

三期项目期间，中欧双方最新发射的科学卫星数据都及时纳入"龙计划"数据共享平台，如欧洲空间局最新发射的"哨兵"及中方最新获取的 HJ1 C-SAR 数据。欧洲空间局提供共计 60 000 多景欧方遥感数据，中方共享了 20 000 多景中方数据。

四期项目期间，欧洲空间局的哨兵系列卫星及 SMOS、GOCE 等科学探索卫星数据全面开放使用，中方的 Tansat、GF-1 等卫星数据也为"龙计划"提供了大量数据，极大地丰富了"龙计划"合作研究的数据源，推动了合作研究项目的高效、顺利开展。

中欧遥感科技合作"龙计划"文集

专家篇

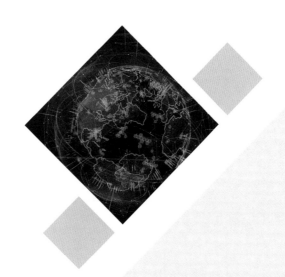

李德仁

李德仁院士，摄影测量与遥感学家。1939年12月出生于江苏泰县（现为泰州市姜堰区），1963年武汉测绘学院毕业，1981年获该校硕士学位，1985年获联邦德国斯图加特大学博士学位。1988年被授予国家级有突出贡献中青年专家称号。1991年当选中国科学院院士，1994年当选中国工程院院士，1999年当选国际欧亚科学院院士。武汉大学学术委员会主任，武汉大学遥感信息工程学院教授、博士生导师，武汉大学测绘遥感信息工程国家重点实验室学术委员会主任，中国矿业大学环境与测绘学院院长。

李德仁院士长期从事遥感、全球卫星定位和地理信息系统为代表的地球空间信息学的教学与研究，学术成果丰硕，享有国际声誉。20世纪80年代，主要从事测量误差理论与处理方法研究。1982年，首创从验后方差估计导出粗差定位的选权迭代法，被国际测量学界称为"李德仁方法"。1985年，提出包括误差可发现性和可区分性在内的基于两个多维备选假设的扩展的可靠性理论，科学地"解决了测量学上一个百年来的问题"。该成果获1988年联邦德国摄影测量与遥感学会最佳论文奖——汉莎航空测量奖。

20世纪90年代以来，提出地球空间信息科学的概念和理论体系，并从事以遥感（RS）、全球卫星定位系统（GPS）和地理信息系统（GIS）为代表的空间信息科学与多媒体通信技术的科研和教学工作，并致力于高新技术的产业化发展。进入21世纪，提出广义和狭义空间信息网格的概念与理论，积极推动城市网格化管

理与服务。在高精度摄影测量定位理论与方法、GPS空中三角测量、SPOT卫星相片解析处理、数学形态学及其在测量数据库中的应用、面向对象的GIS理论与技术、影像理解及相片自动解译、空间数据挖掘、3S技术集成与多媒体通信等方面都有独到建树,其成果直接推动了技术进步,并已向产业化方向发展。领导研制了吉奥之星GIS系列、方略视讯系列和立得3S移动测量系统等高科技产品。

李德仁院士是"龙计划"项目"中国地形和形变"合作领域的首席科学家。实验室雷达遥感研究团队积极参与了"龙计划"一期到五期的国际合作项目,承担了"地形测量"主题的合作研究,在星载雷达干涉测量数据提取高精度地表沉降信息、滑坡形变监测和多波段雷达干涉测量数据提取数字高程模型等方面与欧方专家紧密合作,取得了一批国际前沿成果,培养和锻炼了一批青年学术骨干和研究生。

李增元

李增元，中国林业科学研究院资源信息研究所副所长、研究员、博士生导师。"龙计划"合作中方首席科学家，"十一五"863 地球观测与导航技术领域专家组成员，环境遥感学会副理事长、北京农业信息化学会副理事长、《遥感学报》副主编。

李增元研究员长期从事森林遥感机制、森林资源遥感监测技术等方面的研究，在国内率先开展合成孔径雷达（SAR）、激光雷达林业遥感研究，创新了森林垂直结构遥感定量探测技术；参加了国家中长期科学和技术发展规划（2006—2020 年）战略研究，代表林业行业参与制定"高分辨率对地观测系统国家重大科技专项"总体规划，牵头实施高空间、高光谱、高时间分辨率的高分林业遥感应用系统建设和示范工程。获得"全国先进工作者""中央国家机关五一劳动奖章""全国生态建设突出贡献奖先进个人"等荣誉称号，入选"林业部跨世纪学术和技术带头人后备人才"。对森林经理学科中的林业遥感做出了突出贡献。主持 973 计划项目、863 计划重大项目、国家高分重大科技专项等国家级项目、课题 20 多项，制定林业行业标准 7 项，授权国家发明专利 8 项、软件著作权 32 项，出版专著 8 部，发表论文 260 余篇。获省部级以上科技奖励 7 项，其中作为第一完成人获国家科学技术进步奖二等奖 2 项，作为主要完成人获国家科学技术进步奖三等奖 1 项、省部级科学技术进步奖一等奖 2 项。

自 2004 年"龙计划"启动以来，李增元研究员一直担任"龙计划"中方首席

科学家，并为"龙计划"项目中"FOREST-DRAGON"专题中方主持人（PI）。作为"龙计划"中方总体技术负责人，在科技部、国家遥感中心领导下，为发起"龙计划"项目、规划"龙计划"国际合作战略、争取国家科研经费支持、组织"龙计划"项目各项工作的具体实施等方面做出了卓越贡献。探索出了国际科技合作新机制，培养了大批青年人才，提高了我国遥感应用的国际影响力。

Yves-Louis Desnos

Yves-Louis Desnos，"龙计划"合作欧方首席科学家，欧洲对地观测及遥感应用领域的知名专家，长期从事雷达遥感技术研究，任欧洲空间局对地观测部科学、应用与气候部主任，兼合成孔径雷达（SAR）技术应用高级专家。作为组织者和技术专家，参与了欧洲空间局多项雷达卫星系统的研制、定标和验证工作；自 2004 年到现在，与中方首席专家共同全面负责项目的组织和管理工作。

作为中欧"龙计划"合作欧方首席专家，自 2004 年以来，Desnos 先生十多年如一日，坚持每年来华工作 2 ～ 3 次，指导合作研究、推动技术培训、协调数据共享，长期不懈地推动中欧对地观测技术的实质性合作与交流，与众多中方专家建立了深厚的友谊。牵头组织了欧洲 100 多位顶尖科学家与中方开展对地观测技术合作研究，取得了一大批合作研究成果。特别是在大气化学遥感、基于 InSAR 技术的地震地表形变和城市下沉监测、基于 PoInSAR 技术森林参数遥感反演等中方技术薄弱领域，帮助中方建立起自己的研究队伍和技术体系。领导组织在华举办遥感高级培训班，组织欧洲顶尖科学家授课，为我国培训青年学者。推动欧洲空间局向中方无偿提供了近 40 000 景遥感数据，几乎相当于整颗卫星全寿命期可获取的有效数据，很大程度解决了我国 SAR 和大气化学等遥感数据短缺问题。同时，利用其在对地观测领域的国际影响，推动加拿大、德国等第三方遥感数据与中方共享，为"龙计划"的顺利实施奠定了数据基础。

Fabio Rocca

Fabio Rocca，1940 年出生，意大利人，意大利米兰理工大学教授，国际著名的雷达遥感专家，意大利国家科学委员会成员、欧洲地球科学和工程协会、欧洲地球物理学会荣誉会员，曾经担任欧洲地球科学和工程协会主席。2012 年获得国际 ENI 成就奖，以表彰他在环境与资源研究领域的杰出贡献。2004 年以来，担任中欧对地观测领域合作项目"龙计划""地形测量"主题欧方负责人（中方负责人为武汉大学李德仁院士），在中欧国际合作中贡献突出，获得 2013 年度中华人民共和国国际科学技术合作奖（武汉大学、中国林业科学研究院资源信息研究所和上海市地质调查研究院共同提名）。

Rocca 教授在 2000 年前后提出了永久散射体干涉测量技术，可以从雷达遥感数据中提取地物微小形变，有力地推动了雷达干涉测量遥感技术的飞跃发展，至今仍然引领雷达领域的前沿研究。例如，如果庞大的三峡大坝就算 1 年之内有几个毫米的微小变形，也能从遥远的外太空诊断出来。这一技术可以监控沿海城市的地表沉降，也可以监测大坝、地铁和桥梁等大型工程建筑物微小形变，可以防御地质灾害，对基础设施进行安全预警。在他的指导和帮助下，武汉大学等国内研究机构已经成功研究的雷达图像处理软件，并完全掌握了这一技术，该技术已经在我国得到广泛运用。

自 2004 年以来，Rocca 教授担任中国科技部—欧洲空间局对地观测领域国际合作项目"龙计划"第一期至第四期"地形测量"专题欧方负责人。自该计划启动以来，Rocca 教授一直致力于雷达干涉测量技术在我国对地观测领域及其在地球科学领域的应用与推广。近 10 年来，Rocca 教授通过参与"龙计划"的系列活动，与国内中国林业科学研究院资源信息研究所（"龙计划"牵头单位）、北京大学、香港中文大学、香港理工大学和中国科学院对地观测与数字地球中心等单位的专家、学者建立了广泛的合作，在永久散射体雷达干涉测量、雷达极化干涉测量和多基线雷达极化层析成像等方向给予了深入细致的指导。Rocca 教授特别关注国内青年科学家的成长，对于许多青年教师和研究生提出的各类问题均做出耐心解答。

Rocca 教授于 2005 年和 2008 年作为高级授课专家策划并参加了"龙计划"在北京和武汉举办的陆地遥感培训班。作为欧洲空间局的资深科学家，Rocca 教授亲自制定授课方案、选编教材和组织实习平台等，带动了一大批欧洲的科学家积极参与到与中方的合作项目中来。10 多年来，受邀在北京、上海、武汉和香港举办的多个国际学术会议上做主题报告，为促进相关技术在中国的应用与推广起到了十分重要的作用。

高志海

高志海，1963年1月生，博士毕业于北京林业大学，美国德州理工大学访问学者，中国林业科学研究院资源信息研究所研究员，博士生导师，林业信息化研究方向首席专家，中国自然资源学会草地专业委员会副主任委员，中国电子学会"三遥"分会委员，科技部全球生态环境遥感监测年度报告专家组成员，科技部《全球生态环境遥感监测2019年度报告》"全球土地退化态势"专题编写组组长。主要从事荒漠化遥感监测评价和草地资源遥感监测评价等方面的研究工作，先后主持或参加国家科技重大专项、国家863计划、国家科技支撑计划、重大国际合作、国家自然科学基金等项目（课题）20多项。相关研究成果先后获国家科学技术进步奖二等奖1项（排名第二），地理信息科学技术进步奖一等奖1项（排名第二），省级科学技术进步奖一等奖1项，省级科学技术进步奖三等奖2项，发表论文120多篇，参编著作3部。

自2004年以来，高志海研究员一直参与中欧"龙计划"的组织实施工作，在"龙计划"中方办公室的日常管理、中欧双方对地观测数据的协调获取、"龙计划"合作项目研究进展的监管、中欧双边管理会议、"龙计划"学术年会和培训班等一系列活动的组织工作方面做出了突出贡献。与此同时，在"龙计划"三期、四期和五期中，高志海研究员带领团队与西班牙、德国和英国等国家的专家合作，分别承担了"荒漠化遥感监测与评价""土地退化监测预警""草地退化遥感监测与评价"等3个项目的研究工作，取得了一系列高水平研究成果的同时，也为项目团队培养了 10 余名青年人才。研究提出了荒漠化地区稀疏植被遥感信息提取方法，创立了一种基于 NPP 变化气候响应的土地退化 / 荒漠化遥感评价方法，推动了荒漠化遥感监测从定性向定量的转变，相关研究成果为实现我国参与联合国 SDGs 目标提供了科技支撑。

苏中波（Bob Su）

苏中波，现为荷兰屯特大学地理信息和地球观测学院水资源系空间水文学和水资源管理教授。苏中波教授长期从事陆气相互作用及过程的遥感和数值模拟，水循环对地观测和气候变化，以及生态系统和水资源研究。曾担任地球观测组织（GEO）的荷兰代表，欧洲空间局（ESA）地球科学咨询委员会（ESAC）委员及 Earth Explorer-8 卫星任务选择的陆地专家组主席，以及 ESA 的 EOEP-3（2008-2012）计划的科学评估专家组成员。目前担任欧洲空间局哥白尼 L 波段 SAR 任务（ROSE-L）的任务咨询小组成员，世界气候研究计划（WCRP）"全球能量和水循环交换" 国际计划（GEWEX）科学指导委员会委员，以及国际科学协会理事会（International Science Council）空间（太空）研究委员会（COSPAR）能力建设委员会副主席。

苏中波教授自 2004 年起就参与 "龙计划" 的研究项目和组织培训课程，为培养地球观测领域的青年科学家做了很多有意义的贡献和工作：

（1）促进哥白尼哨兵卫星（Sentinels）、欧洲空间局第三方任务和中国对地观测数据在科学研究及生产应用方面的使用，并重点利用欧洲空间局和中国 EO 数据生成与基本水循环变量相关的气候数据集。

（2）通过学术交流特别是青年科学家的参与，组建中欧联合研究团队，促进科学交流。在 "龙计划" 一期至五期研究框架下，组建中欧联合导师团队，共同培养中欧青年科学家的研究能力，到目前为止，已经培养了 16 个博士。

（3）在 ESA-NRSCC 合作的"龙计划"研究框架下，已在顶级刊物发表大量中欧科学家的联合研究成果。

（4）作为"龙计划"高级培训班的主要组织成员，自 2005 年"龙计划"陆地、大气、海洋遥感高级培训班开始，已陆续培训超过 1180 名青年科学家，为地球观测领域培养了一批新生力量。

中欧遥感科技合作"龙计划"文集

青年才俊篇

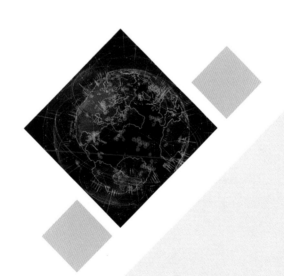

王 腾

　　王腾，北京大学地球与空间学院新体制助理教授，研究员，博雅青年学者。2010 年博士毕业于武汉大学和意大利米兰理工大学，从事雷达影像测地学（SAR Imaging Geodesy）与地表形变解译研究。致力于将高分辨率地表形变观测与地震波、地球动力学模型及地质构造解译结合，探索多种地下过程的物理机制。研究涉及地震、火山喷发、滑坡、地下核试验等多个领域。在国际 SCI 期刊发表论文 40 余篇，如 *Science*、*Nature Communications*、*Nature Geoscience*、*PNAS* 等。

　　王腾研究员从 2004 年开始参加"龙计划"与欧洲合作开展地形测绘研究，先后参加多次"龙计划"培训班及学术研讨会。在"龙计划"合作框架下，于 2007 年赴意大利米兰理工大学攻读武汉大学—米兰理工大学联合博士学位。攻读博士期间获得 2009 年度国家优秀留学生奖，入选 2018 年度国家青年人才计划。

庞 勇

庞勇，1976 年出生，博士、研究员、博士生导师，中国林业科学研究院资源信息研究所遥感技术与应用研究室副主任。1997 年毕业于安徽农业大学森林利用学院，获农学（林学专业）学士学位；2000 年毕业于中国林业科学研究院，获森林经理学（林业遥感方向）专业农学硕士学位。2006 年获中国科学院遥感应用研究所地图学与地理信息系统（植被遥感方向）专业理学博士学位。2006 年10 月至 2008 年 9 月在美国科罗拉多州立大学激光雷达生态应用中心从事博士后研究。2003 年 3—5 月在欧洲空间局联合研究中心从事星载 SAR 数据的大范围森林蓄积量估测技术研究。2011 年 3—5 月在美国马里兰大学从事森林碳储量遥感监测合作研究。2015 年 8 月至 2016 年 5 月在加拿大不列颠哥伦比亚大学从事林业遥感和生物多样性监测合作研究。

现在主要从事林业遥感机制模型、激光雷达信号处理及其在林业中的应用、森林碳汇计量、森林变化监测等方面的工作。中国图像图形学学会遥感图像专业委员会委员、中国林学会计算机分会理事、国际数字地球学会中国国家委员会委员和激光雷达专业委员会副主任、激光雷达林业应用国际会议学术委员会委员、林业遥感国际会议学术委员会委员、第 12 届激光雷达林业应用国际会议学术委员会共同主席、2014 年中德"生态环境系统三维遥感制图"研讨会中方主席。

出版专著 3 部，发表学术论文 116 篇，其中 SCI 检索 18 篇，EI 检索 56 篇；获得国家发明专利 3 项，软件著作权 5 项。2008 年"密度对机载 LiDAR 数据反演林分高度的影响"获中国林学会青年科技优秀论文一等奖，2009年"森林资源遥感监测技术与业务化应用"获国家科学技术进步奖二等奖；2012年获"中国林业科学研究院第三届杰出青年"称号；2013年获国家林业局第十二届中国林业青年科技奖。

庞勇研究员从2003年就开始亲身参与"龙计划"启动的一些幕后准备、策划等工作，之后参加了多期"龙计划"项目，其中"龙计划"一期开展的"森林制图项目"，利用ESA的ERS-1/2 Tandem SAR观测数据在中国东北开展森林蓄积量制图工作；"基于多时相、多传感器（合成孔径雷达—光学—激光雷达）和多分辨率地球观测传感器的中国及部分亚洲地区森林生物物理参数提取和土地覆盖动态监测"，利用多源遥感数据进行多样化森林区域的协同三维制图与表达，在合成孔径雷达和激光雷达领域取得了丰硕的研究成果。

孙建宝

孙建宝，中国地震局地质研究所地震动力学国家重点实验室研究员。2005 年毕业于北京师范大学资源学院地图学与地理信息系统专业（遥感应用科学方向），获理学博士学位。2005—2008 年在中国科学院研究生院地球动力学实验室从事博士后研究。2008 年至今在中国地震局地质研究所地震动力学国家重点实验室工作，主要研究领域为卫星大地测量与地壳形变场应用、壳幔流变学、地表形变场与地壳电性结构等。2012—2013 年在美国加州大学伯克利分校地震科学实验室访问研究一年。

孙建宝研究员从 2004 年开始参加"龙计划"项目，与欧洲合作开展地震形变领域（InSAR 技术）的合作研究，担任"龙计划"地震活动监测项目的中方负责人，2008 年汶川地震形变方面的合作研究成果被 *Nature Geoscience* 于 2009 年 10 月以封面文章发表。近年来获得国家基金项目、科技部重点研发计划项目和地震行业类科研项目 10 余项。在 *GRL*、*JGR*、*EPSL* 等期刊发表学术论文 20 余篇，他受聘担任欧洲空间局 Fringe 会议科学委员会成员，已成为国际干涉雷达遥感领域的知名科学家。

李晓明

李晓明，博士，中国科学院空天信息创新研究院，二级研究员，博士生导师，兼任海南省地球观测重点实验室副主任。2002 年获工学学士学位，同年考入中国海洋大学海洋遥感教育部重点实验室，硕博连读。从 2004 年开始参加"龙计划"与欧洲合作开展卫星海洋学研究。在"龙计划"合作框架下，于 2006 年赴德国宇航中心（DLR）攻读博士学位。2010 年获德国汉堡大学、中国海洋大学博士学位。2014 年回国工作，入选中国科学院"百人计划"（A 类），2020 年获得国家杰出青年科学基金项目资助。

长期从事合成孔径雷达（SAR）海洋学研究，在星载 SAR 海洋动力参数反演、海洋动力过程认知和新体制海洋 SAR 系统方案设计等方面取得了系列创新性成果。相关成果在遥感和地学主流期刊发表 SCI 论文 40 余篇。主持了包括国家重点研发计划、国家自然科学基金项目（面上和青年）、国家高分重大科技专项、中国科技部—欧洲空间局"龙计划"四期和五期项目（中方负责人）、海南省重大研发计划、海南省自然科学基金创新团队项目等 10 余项国家级和省部级科研项目。

曹 彪

曹彪，中国科学院空天信息创新研究院副研究员，空天信息创新研究院首届"未来之星"。2014年博士毕业于中国科学院遥感与数字地球研究所，2018年在法国生物圈空间科学研究中心（CESBIO）访学。从事多角度热红外遥感研究，包括复杂地表热红外辐射传输建模、地表温度/发射率/上行长波辐射参数反演与验证。近5年发表SCI论文20余篇，含遥感TOP期刊 *RSE* 3篇、*IEEE TGRS* 10篇。

担任 *RSE*、*IEEE TGRS*、*IEEE JSTARS* 等国际期刊审稿人，入选 IEEE 地球科学与遥感学会遥感建模技术委员会委员。

先后参与"龙计划"项目"中国干旱地区典型内陆河流域关键生态—水文参数的反演与陆面同化系统研究"在甘肃省张掖市五星村开展的异质性地表加密观测实验、"复杂地表遥感信息动态分析与建模"中的第一课题"复杂地表遥感辐散射机理及动态建模"、大兴安岭根河生态保护区崎岖地形森林下垫面的星机地加密观测实验等工作，同时多次参与培训班，与欧方专家进行交流学习。

张 晰

张晰，博士，副研究员，博士生导师，1981年12月生人。现工作于自然资源部第一海洋研究所。长期从事海冰遥感探测理论、方法和应用研究。

自 2008 年开始参与中欧合作"龙计划"项目，以学生身份参加了"龙计划"二期海洋遥感高级培训班。在"龙计划"三期担任中方 PI（ID：10501），在"龙计划"四期以中方主持身份参与 New EO Data & Operations 下的课题（ID：32292_1）。目前担任"龙计划"五期中方 PI（ID：57889）。在海冰灾害遥感监测和极地海冰遥感监测领域与德国 AWI 极地海洋研究所、芬兰气象研究所，建立并开展了长期、稳定、良好的合作关系，是"龙计划"项目中唯一的海冰遥感研究团队。

在"龙计划"合作期间，围绕海冰 SAR 及光学遥感分类、海冰厚度 SAR 和高度计探测、SAR 及静止轨道光学海冰漂移探测，自主研发了一系列海冰遥感探测算法和反演模型。在此基础上，基于 HY-2 高度计、GF-3、中法海洋星等国产自主卫星，研发了具有自主知识产权的海冰类型、海冰密集度、海冰厚度、海冰漂移等长时间序列遥感产品，精度与国外卫星产品相当，达国际先进水平。相关研究成果在 *The Cryosphere* 等国际 SCI 期刊发表学术论文 18 篇，获海洋科学技术奖一等奖 1 项。

李永生

李永生，博士，1983 年出生，副研究员，现就职于应急管理部国家自然灾害防治研究院（原中国地震局地壳应力研究所）。主要研究方向包括 InSAR 高精度形变反演算法和高性能 InSAR 计算技术研究。先后主持国家青年基金、民用航天项目专题、公益性科研业务专项、高分重大专项等科研课题，参与多项国家自然科学基金、科技部 863 项目、地震行业专项、科技支撑项目等课题。目前发表期刊论文近 30 篇，第一作者、通讯作者 SCI 论文 10 余篇，担任多个学术期刊（武汉大学学报，雷达学报，*Environmental Earth Sciences*，*Advances in Civil Engineering*，*Natural Hazards* 等）审稿专家，担任 *Natural Hazards Research* 期刊的 Guest Editor。

参加了"龙计划"三期至五期项目，在"龙计划"合作框架下初步建立以 InSAR 技术为依托的地震中长期、中短期遥感监测应用系统，推进雷达遥感地质灾害（地震和滑坡等）监测应用定量化和业务化。开展 InSAR 关键处理算法研究，包括 InSAR 误差源校正关键算法，海量数据高性能计算算法，业务化运行的 InSAR 自动化处理框架等工作。重点构建了覆盖广域地壳形变场的海量 InSAR 处理算法框架，形成全国形变一张图产品并应用于地震过程的变形监测、重点地区滑坡灾害隐患、尾矿库边坡安全、重点城市地面沉降等地质灾害监测与评估方面。

杨东旭

　　杨东旭，博士，副研究员，1985 年 4 月生，现工作于中国科学院大气物理研究所碳中和研究中心。2013 年博士毕业于中国科学院大学大气物理学与大气环境专业；2007 年本科毕业于中国科学与技术大学大气科学专业。

　　杨东旭自 2010 年开始参与中欧合作"龙计划"项目，主要参与了三期（ID 10643）、四期（ID32301）和五期（ID59355）。担任四期（ID32301）中方 PI，在天地一体化碳及相关参数遥感监测领域与英国莱斯特大学建立并开展了长期、稳定、良好的合作关系，多次学术访问欧方团队。

　　在"龙计划"合作期间，开展了基于中国碳卫星（TanSat）遥感反演方法的合作研究，自主研发了 IAPCAS 观测模拟和反演系统，并于欧方反演算法开展了对比、优化、改进的研究，获得中国碳卫星首幅全球陆表二氧化碳（CO_2）分布图；建立了应用于中国碳卫星观测资料的在轨软定标方法，优化了观测光谱数据；将中国碳卫星 XCO_2 产品的精度提升至 1.47 ppm 的国际先进水平，并开展了中国碳卫星二级科学产品和 ESA CCI 产品的反演生产工作。开展了基于中国碳卫星陆表生态系统叶绿素荧光发射（SIF）的反演算法研究，首次实现用全物理高精度算法反演获得中国碳卫星的全球 SIF 观测数据，精度与美国 OCO-2 卫星产品相当，达到国际先进水平。相关研究成果发表于 *Journal of Geophysical Research-Atmosphere* 等国际一流期刊。

王 婧

王婧，博士，现工作于中国科学院大气物理研究所碳中和研究中心。2020 年博士毕业于中国科学院大学，大气物理学与大气环境专业；2014 年硕士毕业于中国气象科学研究院，2011 年本科毕业于南京信息工程大学。

自 2013 年开始参与中欧合作"龙计划"项目，主要参与了三期（ID 10643）、四期（ID32301）和五期（ID59355）。在"龙计划"项目支持下，团队与欧洲团队开展了长期、稳定、有效的合作，作为申请人到英国爱丁堡大学访问 17 个月（2016 年 10 月至 2018 年 3 月），与欧洲团队联合开展了全球和中国地区 CO_2 地表通量的计算研究。

基于"自上而下"算法，结合中国地面监测和卫星数据计算了中国陆地碳通量，研究发现中国陆地生态系统，尤其是西南地区存在未被发现的巨大生态碳汇。2010—2016 年，我国陆地生态系统年均吸收约 11.1 亿吨碳，约为先前国内外研究结果（3.5 亿吨碳）的 3 倍，吸收了同时期人为碳排放的 45%。该结果 2020 年 10 月发表在 *Nature* 主刊（Wang et al，2020），引起了国内外的广泛关注，被中央电视台、人民日报、人民网、新华社、中国新闻网、中国青年报、BBC、Global Times 等在内的国内外多家媒体进行报道。

仲 雷

仲雷，教授，博士生导师，1979 年生，现工作于中国科学技术大学地球和空间科学学院大气科学专业。2008 年博士毕业于中国科学院青藏高原研究所，在"龙计划"项目支持下赴荷兰学习，于 2014 年获得荷兰屯特大学博士学位。

自 2008 年开始参与中欧合作"龙计划"项目，作为项目骨干全程参与了"龙计划"二期（ID 5341）、三期（ID 10603）、四期（ID 32070）和五期（ID 58516）项目。在陆气相互作用和卫星遥感应用等领域与荷兰屯特大学建立了良好的合作关系。在"龙计划"合作期间，推动了定量卫星遥感方法在青藏高原地表特征参数和地气能量交换领域的应用研究，促进了对青藏高原地表特征参数和地气能量交换变化规律的科学认知。所取得的标志性成果为：建立了青藏高原地表特征参数和高时空分辨率地表热通量的遥感估算方法，发展了青藏高原全天空地气辐射参数化方案，揭示了青藏高原地表通量的多时空尺度变化规律。已在 *Journal of Geophysical Research-Atmospheres*，*Atmospheric Chemistry and Physics*，*Journal of Climate*，*Advances in Atmospheric Sciences* 等国际主流学术刊物发表论文 50 余篇。于 2015 年获国家自然科学基金优秀青年基金资助。

崔廷伟

崔廷伟，中山大学教授、博士生导师，从事海洋光学遥感研究，任全国青联委员、中国环境科学学会海洋生态安全专业委员会常务委员、中国光学工程学会海洋光学专家委员会委员、中国海洋学会海洋物理分会理事、中国海洋学会海洋观测技术分会委员、山东省激光（光学）学会常务理事，获山东青年五四奖章，以及海洋科学技术奖等省部级一、二等奖 4 项，在 *RSE*、*ISPRS*、*IEEE TGRS*、*OE*、*JGR* 等期刊发表论文 140 余篇，参编专著 2 部。

参与"龙计划"二期项目，主持"龙计划"三期、四期项目。

标志性成果：①发展了海洋绿潮灾害遥感探测、面积提取新方法，纠正了过去 10 年间对于黄海绿潮规模的过高估计；②量化了 ENVISAT MERIS 等主流卫星水色遥感产品在我国渤海、黄海、东海浑浊水体中的不确定性及误差来源。

蒋 弥

　　蒋弥，1982 年生，2014 年 10 月毕业于香港理工大学，目前任中山大学测绘科学与技术学院副教授。长期从事 InSAR 理论和算法方面的基础研究工作。2015 年至今主持项目 18 项，包括国家自然科学基金面上项目 2 项、国家自然科学基金青年基金 1 项、国家重点研发计划子课题 1 项、"龙计划"第四期课题 1 项等。发表期刊论文 40 余篇；第一作者、通讯作者 SCI 论文 22 篇，包括中国科学院 1 区 TOP 期刊 12 篇。申请（授权）发明专利 10 项。先后入选河海大学"大禹学者"和中山大学"百人计划"；是 IEEE Senior Member，担任 InSAR 顶会 ESA Fringe 2020—2021 学术委员会委员。

　　以学生身份参加了"龙计划"二期陆地遥感高级培训班。在"龙计划"四期以中方主持身份参与了 URBANIZATION & SMART CITIES 下的课题（ID：32248_2），项目执行期内在时序 InSAR 城市精细分类和变化检测研究领域取得了一系列标志性成果：荣获 2018 年"龙计划"四期中期总结学术研讨会最佳海报奖 1 项；项目成果形成了开源软件（http：//mijiang.org.cn/index.php/software/）。目前，以合作主持人身份参与了"龙计划"五期 ATMOSPHERE 下的课题（ID：59332），针对低相干地表的时序 InSAR 形变监测开展工作。

中欧遥感科技合作
"龙计划" 文集

马伟强

马伟强，1975 年生，2007 年 11 月毕业于中国科学院大学，目前就职于中国科学院青藏高原研究所，研究员，博士生导师。

　　马伟强研究员长期坚守青藏高原气象学野外观测一线，通过资料分析、卫星遥感和数值模拟对高原大气边界层过程中的地表热通量进行了系统分析和过程模拟研究，积累了高原大气边界层过程影响大气环流翔实的观测数据。主持了国家自然科学基金青年、面上、重点项目和科技部重点研发项目专题，参与科技部"青藏二次科考"和中国科学院专项 A 等项目，深化了对野外观测、遥感和模式分析的理解，这对揭示我国季风系统影响机制及全球天气气候过程具有重大科学意义，同时也满足了更准确认识我国季风系统的国家需求。

　　马伟强研究员从"龙计划"二期开始就一直参与，曾获得"龙计划"二期最佳青年学者论文奖；参加三期、四期的"龙计划"培训课程"陆地碳循环"。共发表期刊论文 90 多篇（均发表在大气科学和遥感科学主流杂志）。目前受邀成为 AMS、AGU、欧洲和国内等数十个期刊的审稿人。2014 年入选中国科学院"引进海外杰出人才"（百人计划 A），目前任中国科学院珠穆朗玛大气与环境综合观测研究站站长。

赵 卿

赵卿，1982 年生人，博士，华东师范大学地理科学学院暨地理信息科学教育部重点实验室副教授，2010 年博士毕业于香港中文大学，地球信息科学专业。长期从事时序雷达干涉测量方法和应用研究工作。2016 年获得了科技部国家遥感中心和欧洲空间局共同颁发的"龙计划"三期项目突出贡献奖，表彰其在 2012—2016 年项目成功实施取得的丰硕成果。

赵卿作为中方项目负责人主持了中欧科技合作"龙计划"三期（ID10644）、四期（ID32294）、五期（ID58351）项目，在海岸带环境演变遥感及灾害风险领域与意大利 IREA-CNR 研究所建立和开展了长期、稳定、良好的合作关系，欧方团队受到了国家外专局高端外专项目支持，持续赴华东师范大学工作交流。在"龙计划"合作期间，研发了基于多级融合策略的多平台 MT-InSAR 形变时间序列融合分析方法。获得了上海市近 10 年的超长形变时序和形变场，对认识和监测新成陆区地面沉降规律有重要参考意义和价值。针对高强度人类活动的海岸带地区缺乏高精度地形数据和地表形变场，难以开展海岸洪水危险性分析和影响研究的现状，研究耦合了多平台 MT-InSAR 反演的高精度地形、地表形变场和二维水动力模型，开展了当前及未来条件下上海海岸洪水危险性制图和分析。研究成果已发表在 *ISPRS Journal of Photogrammetry and Remote Sensing*，*International Journal of Applied Earth Observation and Geoinformation*，*Journal of Hydrology* 等相关领域的权威国际期刊上。

刘 诚

刘诚，1981 年出生，中国科学技术大学精密机械与精密仪器系执行主任、教授、国家优秀青年科学基金获得者，中国科学院环境光学与技术重点实验室副主任，主要从事基于地基、船基、机载、星载等多种遥感平台的大气污染气体、大气温室气体及灰霾的时空分布遥感观测及分析研究工作。

针对大气环境领域相关热点问题开展研究，在大气遥感方面取得了多项原创性科研成果，2016 年至今作为第一 / 通讯作者在国际主流 SCI 期刊上发表文章 55 篇（Q1 文章 45 篇），专利 6 项（4 个授权专利和 2 个受理专利），软件登记 5 项。承担了国家自然科学重点基金、国家重点研发计划、国家重大科学仪器专项等多个项目。2016 年荣获中国环境科学学会第十届青年科技奖（第一完成人），2019 年荣获国家科学技术奖二等奖（第二完成人），2019 年荣获安徽省科学技术奖一等奖（第二完成人），2019 年荣获中国环境科学学会青年科学家奖（金奖，全国 10 名），2020 年荣获第十六届中国青年科技奖。

参与"龙计划"四期项目"面向定量遥感的载荷定标与数据质量控制"，具体负责课题"中国东部 MAXDOAS 基准参考观测"。完成了基于国外卫星载荷，针对我国复杂大气环境衍生出的一系列遥感瓶颈问题研发算法，突破载荷在轨辐射定标和气溶胶多次散射效应校正等大气环境遥感算法中的关键技术，显著提高了其对我国污染气体的观测精度；在我国首个紫外—可见光波段的超高光谱卫星载荷 EMI 成功发射后，针对载荷关键部件遭到国际禁运而造成的信噪比低、光谱扭曲形变等难点，突破了载荷在轨光谱定标、自适应反演配置迭代、太阳参考谱重构等关键技术，研发了从原始超高光谱标定到多组分气态污染物反演的全套算法，使其反演结果在原始光谱质量有巨大差距的不利情况下仍达到了欧美最新卫星观测质量的同等水平，相关研究成果发表在 *Light*、*Science Bulletin*、*IEEE Transactions on Geoscience and Remote Sensing* 等期刊上。

田 昕

田昕，男，博士，研究员，博士生导师，1979年2月生，现工作于中国林业科学研究院资源信息研究所；现任遥感技术与应用研究室副主任、国家林草局遥感工程技术研究中心副主任。自2004年至今，参加"龙计划"一期至五期有关森林监测方面的专题。2015年博士毕业于荷兰屯特大学地理信息科学与对地观测学院（ITC）（"龙计划"联合培养）。获"第五届中国林业科学研究院杰出青年"称号、"第十五届林业青年科技奖"（省部级）、测绘科学技术进步奖特等奖（省部级）1项、人力资源社会保障部"2020年度高层次留学人才回国资助"人选。担任亚洲开发银行项目"江西可持续森林生态系统发展项目"、全球环境基金项目"通过森林景观规划和国有林场改革，增强中国人工林生态系统服务功能项目"国家级咨询专家。

主要研究方向包括多模式遥感的森林资源及其变化监测与制图，森林生态过程建模等。①创新了复杂地表森林结构参数多模式遥感定量估测方法，提升了森林资源高效精准监测水平；②提出了森林生物量动态变化"时空协同"建模理论，解决了精细尺度上生物量时空动态建模方法难题；③发展了天—空—地一体化的林业资源遥感监测技术，提升了多尺度监测的精度与时效性。

近5年，主持了国家高分重大专项、自然基金、973子任务等科研项目8项，其中国家级6项；以第一/通讯作者发表论文22篇，其中SCI 3篇（中国科学院TOP 2篇）、EI 9篇、中文核心10篇；获国家发明专利1项、软件著作权3项；参编专著3部。

黄春林

黄春林，中国科学院西北生态环境资源研究院研究员，主要从事水文遥感与多源数据同化研究。在国内较早开展了基于非线性滤波算法的多源遥感数据同化理论和方法研究，在陆面水文变量的"状态—参数"同步估计和多源观测联合同化等方面取得原创成果，相关研究成果发表在遥感和水文领域的重要学术期刊上，得到了国内外同行的广泛认可，在一定程度上拓展和丰富了我国陆面数据同化的研究内容，提升了我国陆面数据同化研究的国际影响力。迄今为止，共发表 SCI 论文 64 篇（其中第一作者 / 通讯作者 30 篇），2016 年项目"寒旱区遥感与数据同化的基础理论与方法"获甘肃省自然科学奖一等奖（排名第三），2020 年入选甘肃省领军人才。

黄春林研究员参与了"龙计划"三期项目（10649）和四期项目（32439_3），并取得以下标志性成果。

开展了"状态—参数"同步估计和多源观测联合的水文数据同化理论和方法研究，有效解决了观测资料稀疏、多源观测、模型参数不确定性等问题，提高了水文变量的模拟精度和同化系统的稳定性；研发了中国陆域高分辨率多源遥感数据同化系统和基于 SWAT 模型的流域水文数据同化系统（SWAT-HDAS），获得了时空连续和物理一致性的陆表水文数据产品；开展了蒸散发数据同化理论研究，提出了基于多源遥感数据的高时空分辨率蒸散发遥感反演方法。

郑东海

　　郑东海，中国科学院青藏高原研究所研究员，主要从事青藏高原的陆面水文与微波遥感研究。迄今为止，共发表学术论文 39 篇，第一 / 通讯作者 SCI 论文 16 篇，2020 年获中国科学院"百人计划"青年俊才项目择优资助（2020 年）。

　　郑东海研究员参与了"龙计划"四期和五期项目并取得以下标志性成果。①在陆面模式中准确刻画了青藏高原土壤水热传输及冻融变化过程，揭示了土壤冻融变化对江河源区降水—径流时滞特征的影响机制；②建立了长时序、完整冻融循环的主被动微波遥感观测平台，发展了多频率、主被动一体化的陆面—微波辐射传输耦合模型，揭示了冻土分层介质的微波辐射传输机制；③解决了青藏高原土壤未冻水的遥感反演难题，揭示了 L 波段微波辐射计的可感深度。

中欧遥感科技合作"龙计划"文集

成果篇

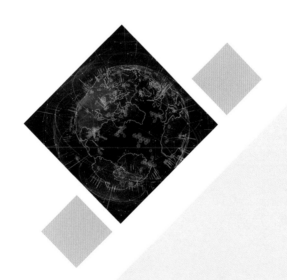

固体地球领域

固体地球—地形测量

（Dragon1-2567；Dragon2-5297；Dragon3-10569；Dragon4-32278）

一、总体介绍

（一）合作目标

"龙计划"固体地球—地形测量专题以基于星载 SAR 观测数据的地形测量、城市地面沉降测量、重大基础设施健康监测、滑坡形变监测、森林 / 冰川层析成像探测等为合作研究目标。

（二）研究队伍（图 1）

中方首席科学家：李德仁（武汉大学）。

欧方首席科学家：Fabio Rocca（米兰理工大学）。

中方团队：Timo Balz（武汉大学）、廖明生（武汉大学）、丁晓利（香港理工大学）。

欧方团队：Norbert Haala（斯图加特大学）、Stefano Tebaldini（米兰理工大学）、Fabrizio Lombardini（比萨大学）、Ramon Hanssen（代尔夫特理工大学）。

图 1　团队合影（2016 年"龙计划"三期总结研讨会暨四期启动会）

（三）重要创新成果概述

（1）第一期合作中，欧方为中方提供了 SAR 数据、技术支持和培训。在三峡实验区和张北实验区开展了 InSAR 地形测量工作，并以此为开端，一直持续到第四期合作研究；在上海市开展了地面沉降监测试验研究，通过与地面水准测量比对验证了 InSAR 测量结果的可靠性。

（2）第二期合作中，中方科技人员逐渐掌握了相关 InSAR 技术，和欧方一起提出新的 InSAR 分析方法，并对三峡大坝进行高精度的形变测量，评估了坝体的稳定性；推动将 InSAR 技术纳入上海市地面沉降监测技术体系，开展了上海全市范围地面沉降业务化长期监测工作。

（3）第三期合作中，双方利用 InSAR 技术对三峡大坝库岸边坡的不稳定斜坡进行了有效监测；探索研究了利用高分辨率星载 SAR 数据进行大型基础设施形变监测和健康诊断的方法途径。

（4）第四期合作中，中方提出了新的时间序列 InSAR 分析方法来监测复杂山区滑坡，中方研究生参与欧方开展的森林层析 SAR 方法和试验研究。

二、亮点成果

（一）城市地面沉降监测与大型基础设施安全监测

（1）研究方法：永久散射体干涉测量（PS-InSAR）技术是一种应用广泛的从干涉 SAR 数据集中估算表面形变的有效方法，已经从"龙计划"一期到现在的许多项目中得到广泛应用，也在一些商业领域得到推广应用。它被普遍认为是一种稳定可靠的技术，因为该技术已经被证实在众多项目中成功并可靠地提供了表面形变估算值，我们利用 PS-InSAR 技术在上海和其他城市等区域都进行了城市沉降和基础设施稳定性的监测。

（2）成果描述：利用 PS-InSAR 技术处理 2016—2020 年获取的 Sentinel-1 序列数据，对上海全域进行地表沉降监测，监测结果纳入上海市地面沉降监测系统中，并在全域监测的基础上对重要基础设施进行精细化形变监测，如考虑复杂结构散射特性和热膨胀形变影响的卢浦大桥监测。卢浦大桥的监测首先剔除了二次散射信号及三次散射信号，主要研究单次散射信号。通过计算桥梁拱顶和跨中位置的点目标时间序列形变与温度变化的相关关系，进一步对桥梁的热膨胀形变进行定量建模与分析，得到卢浦大桥的趋势形变和热膨胀形变。

（二）西部山区大型滑坡灾害隐患识别与形变监测

（1）研究方法：雷达干涉测量（InSAR）技术因其大范围周期性探测地表微小形变的能力，在地质灾害识别监测中具有广阔的应用前景。然而传统时序 InSAR 方法在地形地貌复杂、多植被覆盖的山区往往难以提取出足够数量的稳定散射体目标，造成形变低估、漏检等问题，大大降低了探测结果的可靠性。面向西部山区大型滑坡灾害防治这一国家重大需求，针对传统时序 InSAR 方法在山区应用的瓶颈问题，在前期研究基础上提出了综合利用永久散射体和分布式散射体目标的新一代时序 InSAR 分析方法——相干散射体 InSAR（CSInSAR）。

（2）成果描述：滑坡是频繁发生、破坏最严重的自然灾害之一，在全球范围内广泛分布，给人类的生命安全造成了极大危害。星载雷达干涉测量（InSAR）技术在滑坡地质灾害监测领域取得了广泛应用。在"龙计划"四期中，我们利用 InSAR 技术提取滑坡表面微小形变信息，开展大范围分布滑坡隐患的早期识别和形变监测。同时，中方在甲居滑坡开展了 PSInSAR、SBAS 与 CSInSAR 方法的性能对比，验证了 CSInSAR 的改进效果。

（三）森林场景 SAR 层析成像

（1）研究方法：基于长波长 SAR 数据的层析成像技术，尤其是 P 波段数据，能够穿透森林冠层并对林下的 SAR 信号进行真实的三维重建，这一特点可以在很多方面得到应用，如估算地表森林生物量等。这里所指的 SAR 层析成像技术可以在全球尺度上测量生物量，而不是简单地基于树冠高层估算生物量，欧洲空间局也将在即将到来的生物量（BIOMASS）任务中应用这一技术。

（2）成果描述：准确掌握全球森林生物量分布及其动态变化对于全球变化研究具有重要意义，合成孔径雷达层析成像（SAR Tomography）技术在此方面具有很好的应用潜力。欧洲空间局正在发展中的 BIOMASS 计划将是世界上首颗 P 波段 SAR 卫星，层析是其主要的对地观测工作模式。为了探索 P 波段 SAR 的时间去相干特性以支撑推进 BIOMASS 计划研发，欧洲空间局组织实施了层析 SAR 技术的地面验证实验 TropiSCAT，中方研究生在欧方专家指导下参与了实验数据处理和分析等研究工作，部分结果如图 2 所示。

（a）Guyaflux 塔

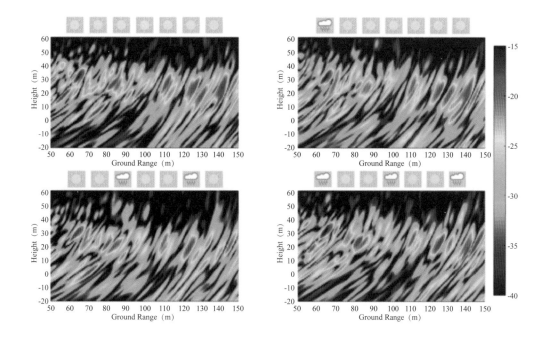

（b）层析成像得到的结果

图 2　利用 Guyaflux 塔获取的不同视角 TropiScat 数据进行层析成像得到的结果

三、代表性成果

[1]　Liao M S，TIMO BALZ，FABIO ROCCA，et al. Paradigm changes in Surface-Motion Estimation from SAR[J]. IEEE geoscience and remote sensing magazine，2020，8（1）：8-21.（SCI）

[2]　DONG J，ZHANG L，TANG M G，et al. Mapping landslide surface displacements with time series SAR interferometry by combining persistent and distributed scatterers：A case study of Jiaju landslide in Danba，China[J]. Remote sensing of environment，2018（205）：180-198.（SCI）

[3]　敖萌，张路，廖明生，等 . 基于方差分量估计的多源 InSAR 数据自适应融合形变测量 [J]. 地球物理学报，2020，63（8）：2901-2911.（SCI）

[4]　廖明生，张路，史绪国，等 . 滑坡变形雷达遥感监测方法与实践 [M]. 北京：科学出版社，2017.

[5] Fabio Rocca/ 米兰理工大学—武汉大学，2013 年，中华人民共和国国际科学技术合作奖，中华人民共和国国务院．

[6] 李德仁，刘经南，龚健雅，等．2014 年，中华人民共和国科学技术进步奖创新团队奖，中华人民共和国国务院．

[7] 许强，汤明高，刘春，廖明生，等．2019 年，中华人民共和国科学技术进步奖二等奖，中华人民共和国国务院．

基于空间观测技术的地震及地质灾害监测
与评估技术研究和应用

（Dragon1–2558；Dragon2–5343；Dragon3–10665）

一、总体介绍

（一）合作目标

中国地震局地壳应力研究所（现已转隶为应急管理部国家自然灾害防治研究院）全程参与了一期至五期"龙计划"项目，主要集中在"利用 InSAR 观测中国境内大型断裂的地震周期内变形""利用 InSAR 监测三峡等地区的地表位移""基于 InSAR 技术监测中国境内的地壳和人工建/构筑物形变""中国活动断层与地震风险评估"等多个合作项目，合作单位包括荷兰代尔夫特大学、英国格拉斯哥大学、纽卡斯尔大学、伦敦城市学院、北京大学、武汉大学、香港理工大学等，目的是通过中欧相关研究合作，实现数据资源共享、先进技术合作及学术交流与培训，达到实现中欧相关领域的共同发展。

（二）研究队伍（图1、图2）

图 1　小组部分成员在 2014 年年会上的交流合影

图2 2014年5月张景发研究员和J.P.muller教授
参与"龙计划"三期（10665）项目的三峡滑坡野外测量工作

（三）重要创新成果概述

（1）通过"龙计划"项目的合作，建立了覆盖中国广域的地壳变形InSAR监测技术体系。

（2）加强和深化与欧方在SAR处理技术领域的交流与合作，特别是针对国产SAR卫星干涉数据处理可能面临的一些技术问题开展合作。

（3）除在三峡、青藏高原等中欧双方共同关注区域继续开展地震、地壳缓慢变形及地质灾害研究外，推动将研究区域扩展到红河断裂、郯庐断裂等重点关注区域。

二、亮点成果

（一）全国形变一张图

中国是一个地震、地质灾害极为频繁的国家，其中大型和巨型滑坡占有重要地位，在中国西部地区，大型滑坡更是以其规模大、机制复杂、危害大等特点著称，由地震灾害诱发的地质灾害链更是影响巨大，在全世界范围内都具有典型性和代表性。随着我国经济发展的不断推进，城镇化、铁路、核电、水电等大型工程项目不断向纵深发展，遭受地质灾害威胁的经济体规模及数量也越来越多。以

InSAR 为代表的空间对地观测技术的发展，为开展上述有针对性的地质灾害隐患早期识别、险情灾情判识及灾后快速应急响应提供了高效技术手段，利用 InSAR 手段有助于发现"隐蔽性强、人力难及地区"的地质灾害隐患，反映已有隐患点的动态变化。一是监测范围广，卫星重访周期短，可有效识别地质灾害隐患"变化、形变"等信息；二是信息获取手段多，可基本满足全国广域地质灾害隐患识别的需要，特别是国产 SAR 卫星发射后，能提供更为丰富的数据源；三是综合信息获取能力强，可快速获取地质地貌等孕灾背景与灾害动态信息，能为地质灾害隐患高效识别提供丰富的信息。

基于欧洲空间局哨兵 –1 号卫星数据构建了全国地表形变一张图，配合已有地质灾害、孕灾环境和基础地理等数据，逐步实现覆盖全国地质灾害易发区的地质灾害隐患识别并进行动态更新，重点关注滑坡变形、城市地面沉降、采矿区域地表变形、地震同震变形等各类地震及地质灾害过程中的地表变形响应。

（二）地壳运动与构造活动性分析

青藏高原中部一系列共轭走滑断裂系。该类型断裂带构造复杂，历史和现今地震活动比较频繁。以崩错—东巧共轭走滑断裂为例，近年来利用地质解译、地貌学及 GPS 大地测量技术等获得了崩错—东巧共轭走滑断裂系现今构造形变，但是这些手段都是基于离散点位或者线状分析，无法对崩错—东巧共轭走滑断裂系的整个地区形变场进行精细描述。

基于 InSAR 震间形变场和应变场及历史地震震源机制推断出安多—蓬错断裂系和崩错断裂的东段形成了一个新的共轭构造带。崩错断裂的西段目前形变量级较小，其与东巧断裂保持原来的共轭关系。青藏高原内部的应力应变调节不是分布在几个大的走滑断裂上，而是在其内部分布着如安多—蓬错断裂系类似的小型构造系统，用于调节和吸收青藏高原内部南北向的挤压应力。

（三）震害综合评估

地震时的大地震动是造成建筑物破坏的直接原因，地震形变量是地震剧烈程度的一个表现形式。以地震形变信息为线索，提出了利用地震形变场评估震区建筑物震害程度的方法。研究地震形变和建筑震害之间的关系，从而利用同震形变场快速评估建筑震害，可为震后应急决策提供关键信息。引起建筑震害的因素有

很多，考虑了建筑结构和地震形变两个要素，初步建立了结合多种结构类型的建筑震害和地震形变之间的统计学模型，评估了4种结构建筑的震害与地震形变之间的关系，进一步建立了震区建筑物震害指数和地震形变之间的统计关系模型，并成功地验证了该模型具有较好的震害评估精度（图3）。

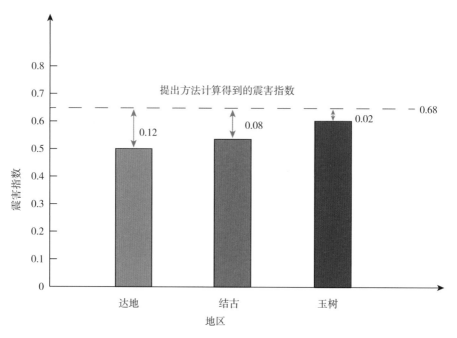

图3　不同区域震害指数评估结果

针对震后具有多时相遥感影像的情况，根据地震前后遥感影像是否同源，分别提出了相对应的信息提取方法。当地震前后遥感图像为同源时，提出一种基于多纹理特征主成分分量相关性变化检测的方法，克服传统变化检测方法中强度图像易受斑点噪声影响、地震前后灰度变化不稳定的问题，在充分利用SAR图像中丰富纹理特征的同时又避免特征信息的冗余；当地震前后获取的数据为异源时，提出一种基于面向对象与CNN模型结合的分类后变化检测技术方法，克服传统变化检测对于数据类型、时相一致的要求，在分别对图像进行分类的基础上完成震害信息的检测，实现多传感器数据同化与信息协同处理，提高地震应急的效率。

（四）断裂带关键构造区活动断层的地貌三维建模及断错量化分析

近年来，遥感与 LiDAR 技术的应用，使得高精度地形地貌测量更加快捷，如高分辨率影像及 DEM 在活断层定量研究中的应用；LiDAR 技术在构造地貌测量中的应用。分析断层破裂历史是预测地震的重要途径，可以利用单次地震位移与多次地震累积位移之间的关系研究强震复发习性。利用高分辨率遥感与高精度地形资料，约束构造地貌位错（图 4），重构断层破裂历史，识别古地震事件，明确地震位移分布特征与断层破裂模式，从而估算断层强震复发周期。构造地貌的结构形态在地貌学上可以用很多参数来定量描述，而地貌的结构形态受构造运动的影响又十分显著。因此，近年来很多学者通过定量分析相关地貌参数来研究构造活动，使构造地貌的研究迈上新的台阶。

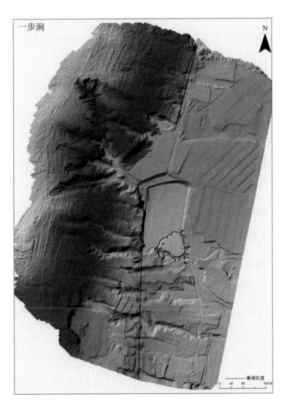

图 4　左山（一步涧）地区断层地貌阴影图

三、代表性成果

[1] 张景发，龚丽霞，李强，地震灾害遥感综合评估与示范 [M]. 北京：科学出版社，2016.

[2] 张景发，李永生，罗毅，干涉雷达测量技术及地震应用 [M]. 北京：清华大学出版社，2019.

[3] 全国地震标准化技术委员会 . DB/T 76—2018 地震灾害遥感评估 公路震害 [M]. 北京：中国标准出版社，2018.

[4] 张景发，姜文亮，田甜，等 . 活动断裂调查中的高分辨率遥感技术应用方法研究 [J]. 地震学报，2016，38（3）：386-398，508.

[5] 全国地震监测预报标准化技术委员会 . DB/T 84—2020 卫星遥感地震应用数据库结构 [M]. 北京：中国标准出版社，2020.

[6] 全国地震标准化技术委员会 . DB/T 69—2017 活动断层探查遥感调查 [M]. 北京：中国标准出版社，2017.

[7] LI Y S，TIAN Y F，YU C，et al. Present-day interseismic deformation characteristics of the Beng Co-Dongqiao conjugate fault system in central Tibet：implications from InSAR observations[J]. Geophysical journal international，2020，221（1）：492-503.

[8] LI Y S，JIAO Q，HU X H，et al. Detecting the slope movement after the 2018 Baige Landslides based on ground-based and space-borne radar observations[J]. International journal of applied earth observations and geoinformation，2020，84：101949.

[9] LI Y S，ZHANG J，LI Z，et al. Measurement of subsidence in the Yangbajing geothermal fields，Tibet，from TerraSAR-X InSAR time series analysis[J]. International journal of digital earth，2016，9（7）：697-709.

[10] LI Y S，JIANG W，ZHANG J，et al. Space geodetic observations and modeling of 2016 mw 5.9 menyuan earthquake：implications on seismogenic tectonic motion[J]. Remote sensing，2016，8（6）：519.

[11] LI B Q，LI Y S，JIANG W L，et al. Conjugate ruptures and seismotectonic implications of the 2019 Mindanao earthquake sequence inferred from Sentinel-1 InSAR data[J]. International journal of applied earth observations and geoinformation，2020，90：102127.

[12] JIANG W L，JIAO Q S，TIAN T，et al. Seismic slip distribution and

rupture model of the Lenglongling fault zone, northeastern Tibetan Plateau[J]. Geological journal, accepted for publication, 2021, 56（3）: 1299-1314.

[13] LUO Y, JIANG W L , LI B Q, et al. Analyzing the formation mechanism of the Xuyong landslide, Sichuan province, China, and emergency monitoring based on multiple remote sensing platform techniques[J]. Geomatics, natural hazards and risk, 2020, 11（1）: 654-677.

[14] JIANG W L, TIAN T, CHEN Y, et al. Detailed crustal structures and seismotectonic environment surrounding the Su-Lu segment of the Tan-Lu fault zone in the eastern China mainland[J]. Geoscience journal, 2020（24）: 557-574. .

[15] 姜文亮，张景发，申旭辉，等 . 高分辨率遥感技术在活动断层研究中的应用 [J]. 遥感学报，2018，22（S1）: 192-211.

[16] JIANG W L, ZHANG J F, HAN Z J , et al. Characteristic slip of strong earthquakes along the Yishu fault zone in east China evidenced by offset landforms[J]. Tectonics, 2017, 36（10）: 1947-1965.

[17] JIANG W L, HAN Z J, GUO P, et al. Slip rate and recurrence intervals of the East Lenglongling fault constrained by morphotectonics, tectonic implications for the NE tibetan plateau[J]. Lithosphere, 2017, 9（3）: 417-430.

[18] JIANG W L, HAN Z J, ZHANG J F, et al. Tectonic geomorphology and neotectonic activity of the Damxung-Yangbajain rift in the south tibetan plateau, evidences from stream profile analysis [J]. Earth surface processes and landforms, 2016（41）: 1312-1326.

[19] JIANG W L, WANG X, TIAN T, et al. Detailed crustal structure of the North China and its implication for seismicity [J]. Journal of asian earth sciences, 2014（81）: 53-64.

[20] LI Y S, LI Y J, LIANG K, et al. Coseismic displacement and slip distribution of the 21 May 2021 Mw 6.1 earthquake in Yangbi, China derived from InSAR Observations[J].Frontiers in environmental science, 2022（10）: 1-13.

[21] LI Y, JIANG W , ZHANG J. A time series processing chain for geological disasters based on a GPU-assisted sentinel-1 InSAR processor[J].Natural hazards, 2021. https://doi.org/10.1007/s11069-021-05079-9.

[22] LI Y S, JIANG W L, ZHANG J F, et al. Sentinel-1 SAR-Based coseismic deformation monitoring service for rapid geodetic imaging of global earthquakes[J]. Natural hazards research, 2021（1）: 11-19.

利用多源数据联合分析沿海三角洲地区由于地面沉降、海平面上升及自然灾害等综合因素造成的影响

（ Dragon3-10644，Dragon4-32294 ）

一、总体介绍

据估计，世界范围内易发洪水的沿海地区和大城市的平均人口密度预计到2050 年将增加 25 个百分点。与此同时，全球海平面从 20 世纪开始持续上升，预计到 2100 年将上升 60 cm 左右。非气候因素影响的人为过程（如过度抽取地下水、大规模土地复垦及人工海堤快速非线性沉降引起的地面沉降现象）及频繁发生的自然灾害（如风暴和风暴潮）会加剧这些沿海地区和大城市所面临的风险。此外，气候变化引起的海平面上升、人为和自然因素导致的局部地表下沉也进一步加剧了这一状况。受这些因素的综合影响，长江三角洲和珠江三角洲地区的沿海脆弱性正在不断加强。上述情况充分说明了我们有必要深入研究沿海地区的地表形变机制，进一步评估未来局部海平面的变化并估算可能被海水淹没的地表面积。

在本项目中，我们采用多种遥感技术进行研究，这些技术主要包括 DInSAR 方法、GPS/ 水准测量方法、卫星高度计资料和验潮站数据，以及耦合模式比较计划第 5 阶段（CMIP5）全球气候模式。该项目的结果可以为今后沿海脆弱性研究提供相应的借鉴，并且这些分析结果对于评估引起低海拔地区沿海脆弱性程度加强的影响因素是非常有必要的。

（一）合作目标

本项目的主要目的是分析三角洲地区沿海脆弱性的影响因素，评估局部海平面的未来变化趋势，提取被海水淹没的区域和波场，并提出相应的建议保护措施来适应和减缓由多种因素导致的沿海区域脆弱性降低状况。

（二）研究队伍（图1）

（1）欧方团队：IREA-CNR，意大利；中方团队：华东师范大学。

（2）欧方团队：Institute of Oceanography，University of Hamburg，德国；中方团队：南京信息工程大学。

（3）欧方团队：Technical University of Denmark，丹麦；中方团队：河海大学。

(a)   (b)

图1　项目成员在西安参加"龙计划"四期中期成果国际学术研讨会小组交流

（三）重要创新成果概述

构建了多平台 MT-InSAR 超长形变时序融合新方法，开展了基于多级融合策略的多平台 MT-InSAR 形变时间序列融合分析，提取了三角洲特大城市重大基础设施三维形变场。开展了基于二维水动力模型和多平台 MT-InSAR 超长形变时序融合分析的三角洲特大城市高精度海岸带洪涝模拟。

二、亮点成果

（一）多平台 MT–InSAR 超长形变时序融合新方法的构建及其应用

（1）研究方法：研究和发展了基于多级融合策略的多平台 MT-InSAR 形变时

间序列融合分析算法，使缓变型地表形变的长时间跨度连贯监测和多维度量测成为可能。

（2）成果描述：发展了基于多平台雷达时序融合的大地测量新方法，实现了连续一致的超长形变时序融合方法。研发了基于多级融合策略的多平台 MT-InSAR 形变时间序列融合分析算法，分别采用 SVD 方法和 MQQA 方法及上海市冲填土自重固结沉降模型对 2 星 /3 星 MT-InSAR 形变时间序列进行了融合，通过水准数据进行验证分析了两种多级融合策略的有效性和准确性，首次获得了新成陆区近 10 年的超长形变时序和形变场。

（二）高强度人类活动下海岸带特大城市地形地貌变化及其对洪水风险的影响

（1）研究方法：耦合了多平台 MT-InSAR 反演的高精度地形、地表形变场和二维水动力模型，实现了当前及未来条件下上海临港新城海岸洪水危险性制图和分析。

（2）成果描述：针对高强度人类活动的海岸带地区缺乏高精度地形数据和地表形变场，难以开展海岸洪水危险性分析和影响研究的现状，研究耦合了多平台 MT-InSAR 反演的高精度地形、地表形变场和二维水动力模型，开展了当前及未来条件下上海临港新城海岸洪水危险性制图和分析（图 2、图 3）。

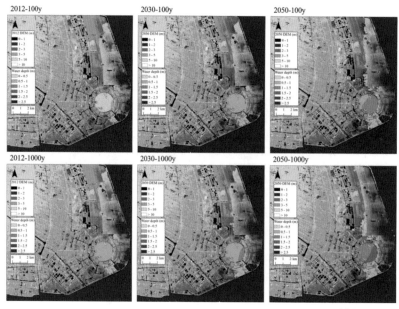

图 2　上海临港新城 2012 年、2030 年和 2050 年的潜在淹没区域

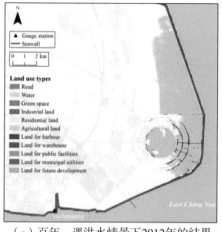

（a）百年一遇洪水情景下2012年的结果　　　（b）千年一遇洪水情景下2012年的结果

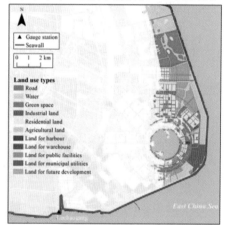

（c）百年一遇洪水情景下2030年的结果　　　（d）千年一遇洪水情景下2030年的结果

图3　当前和未来淹没区域的土地利用或规划

三、代表性成果

[1] ZhAO Q，MA G，WANG Q，et al. Generation of long-term InSAR ground displacement time-series through a novel multi-sensor data merging technique：The case study of the Shanghai coastal area[J]. ISPRS Journal of photogrammetry and remote sensing，2019（154）：10-27.（SCI 一区）

[2] YIN J，ZHAO Q，YU D，et al .Long-term flood-hazard modeling for coastal areas using InSAR measurements and a hydrodynamic model：The case study of Lingang New City，Shanghai[J]. Journal of hydrology，2019（571）：593-604.（SCI 一区，Top Journal，IMF=3.727）

全球变化监测的当前及未来大地测量卫星任务

（Dragon3-10677）

一、总体介绍

（一）合作目标

通过本国际合作项目，汇集合作机构的卫星大地测量领域专家学者开展合作研究；作为中德 PPP 合作项目（德意志学术交流中心，德国和中国留学基金委，中国 PPP 项目，2008—2010 年）的延伸，进一步加强欧洲和中国相关研究团队之间的学术交流与合作，培养年轻科学家，利用中国、欧洲空间局及 TPM 地球观测数据，特别是 GOCE、SWARM、HY-2 和 ENVISAT 等大地测量卫星观测数据，研究全球及区域（中国）范围的地球系统变化。

（二）研究队伍（表 1、图 1）

表 1　中方、欧方项目团队成员

中方			欧方		
姓名	职责	单位	姓名	职责	单位
李建成	负责人	武汉大学	Nico Sneeuw	负责人	斯图加特大学
姜卫平	成员	武汉大学	Jianqing Cai	成员	斯图加特大学
张小红	成员	武汉大学	Oliver Baur	成员	奥地利科学院

续表

中方			欧方		
姓名	职责	单位	姓名	职责	单位
姚宜斌	成员	武汉大学	Tilo Reubelt	成员	斯图加特大学
徐新禹	成员	武汉大学	Matthias Roth	成员	斯图加特大学
张守建	成员	武汉大学	Mohammad J. Tourian	成员	斯图加特大学
褚永海	成员	武汉大学	Qiang Chen	成员	斯图加特大学
邹贤才	成员	武汉大学	Geli Wu	成员	斯图加特大学
王正涛	成员	武汉大学			
金涛勇	成员	武汉大学			

图 1　项目主要成员在意大利参加会议合影

（三）重要创新成果概述

利用现代大地测量卫星任务（卫星重力、卫星测高等）开展了地球系统物质迁移研究，成功将海洋卫星观测资料用于内陆湖水位监测，联合卫星重力和测高任务反演了长江流域和呼伦湖水位变化，并构建了我国首个纯 GOCE 卫星重力场模型 GOSG01 S。

二、亮点成果

（一）基于卫星测高监测内陆湖水位变化

湖泊和河流作为陆地水圈的主要组成部分，其水位及变化直接反映该区域生态、气候和自然环境的变化。由于社会经济发展的区域差异，内陆许多湖泊无水文观测或者水文观测信息少。项目利用卫星测高数据，获得了洞庭湖、鄱阳湖、太湖、洪泽湖、巢湖、青海湖、纳木错、博斯腾湖、呼伦湖等多个湖泊的水位变化时间序列，并在网站（网址：http：//main.sgg.whu.edu.cn/altlake/altlake.html）上公开发布，如图 2 至图 4 所示。

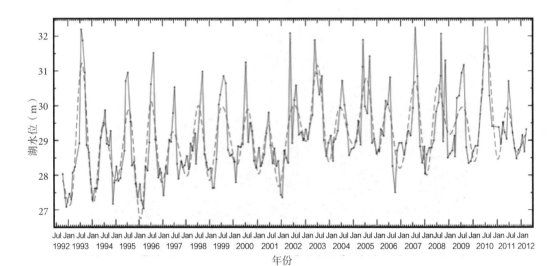

图 2 　（南）洞庭湖测高水位变化

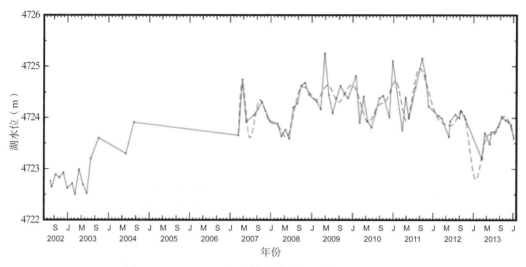

图 3　纳木错测高水位变化

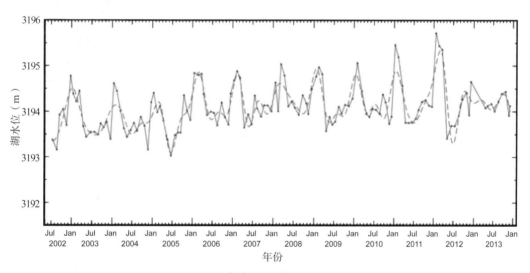

图 4　青海湖测高水位变化

（二）联合卫星测高和卫星重力监测呼伦湖水位变化

呼伦湖作为中国第五大湖，对于生态系统而言具有极强的重要性，然而自 2000—2010 年以来，该湖泊却经历了严重的水位下降现象。为提高对过去 50 年来控制该湖水面变化的关键因素的认识，利用实测水文数据、气象数据、卫星测高数据、GRACE 时变重力场反演水储量变化，建立了一个呼伦湖流域的水平衡模型。

该模型分析结果表明，在过去 50 年中，呼伦湖区域经历了一个潮湿时间段（1981—1998 年）和两个干旱时间段（1964—1980 年，1999—2012 年），其河水补充量对于降雨量的变化比较敏感；并得到土壤含水量和降雨量下降引起河流注入补充量的严重下降，是 2000—2010 年水位下降的首要原因。该模型还可以作为预测湖水资源状况、评估引水工程对湖水水位影响的量化工具（图 5）。

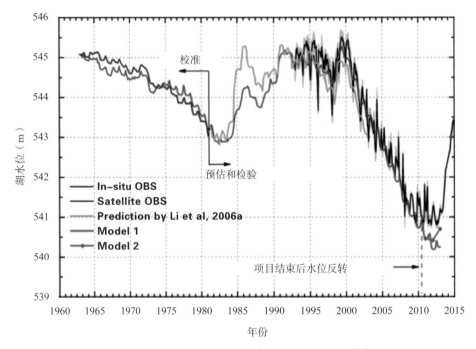

图 5　过去 50 年的呼伦湖水位观测值和预测值

（三）纯 GOCE 卫星重力场模型 GOSG01 S 的构建

项目深入研究了联合卫星重力梯度和高—低卫星跟踪卫星观测值确定全球大地水准面中长波信号的理论与方法，基于近两年 GOCE 实测的 SGG 和 SST-hl 观测数据，联合直接法和加速度法确定，在国内首次确定了 220 阶次纯 GOCE 卫星重力场模型 GOSG01 S，基于中国和美国 GPS 水准的外符合精度检验说明，GOSG01 S 模型大地水准面精度与国际同期发布的 GOTIM04 S 等权威模型精度相当（表 2、图 6）。模型被收录在国际权威网站 ICGEM 上（网址：http://icgem.gfz-potsdam.de/tom_longtime）。

表 2　利用美国和中国的 GPS 水准检验 GOSG01 S、GOTIM04 S、GODIR04 S、GOSPW04 S、GOCO03 S、JYY_GOCEO2 S 和 EGM2008 模型

单位：cm

Model	Degree	Mean（China）	STD（China）	Mean（USA）	STD（USA）
GOSG01 S	200	24.14	± 16.47	-51.07	± 28.15
GOTIM04 S	200	24.09	± 16.13	-50.71	± 28.04
GODIR04 S	200	23.85	± 16.24	-51.11	± 28.09
GOSPW04 S	200	23.46	± 16.31	-51.23	± 28.33
GOCO03 S	200	23.75	± 16.44	-51.11	± 28.46
JYY_GOCE02 S	200	24.45	± 16.02	-51.71	± 28.15
EGM2008	200	23.93	± 24.04	-51.05	± 28.37

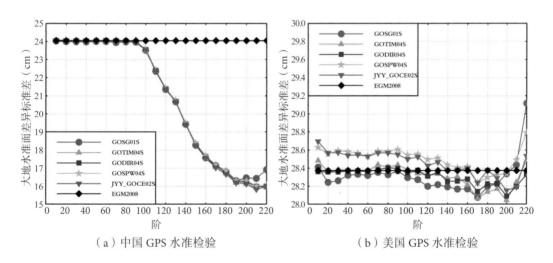

（a）中国 GPS 水准检验　　　　　（b）美国 GPS 水准检验

图 6　不同模型的不同阶次与 GPS 水准差异的标准偏差（STD）

三、代表性成果

[1]　CAI Z，JIN T，LI C，et al. Is China's fifth-largest inland lake to dry-up？Incorporated hydrological and satellite-based methods for forecasting Hulun lake water levels[J]. Advances in water resources，2016（94）：185-199.

[2]　TOURIAN M J，TARPANELLI A，ELMI O，et al. Spatiotemporal densification of river water level time series by multimission satellite altimetry[J]. Advances in water resources，2016 . DOI：10.1002/2015 WR017654.

[3]　CHAO N F，WANG Z T. Characterized flood potential in the Yangtze river basin from GRACE gravity observation，hydrological model，and in-situ hydrological station[J]. Journal of hydrologic engineering，2017，22（9）：1943-5584.

[4]　CHAO N F，WANG Z T，JIANG W P，et al. A quantitative approach for hydrological drought characterization in southwestern China using GRACE[J]. Hydrogeology journal，2016，24（4）.

[5]　XU X Y，ZHAO Y Q，REUBELT T，et al. A GOCE only gravity model GOSG01 S and the validation of GOCE related satellite gravity models[J].Geodesy and geodynamics，2017，8（4）：260-272.

[6]　徐新禹，姜卫平，张晓敏，等 . 一种新型重力测量卫星系统确定全球重力场的性能分析 [J]. 地球物理学报，2018，61（6）：2227-2236.

[7]　姚宜斌，李珊珊，徐新禹，等，武汉大学，高程基准现代化实现关键技术，2017，测绘科学技术进步奖一等奖，中国测绘学会 .

[8]　姜卫平，金涛勇，宁津生，等，武汉大学，海洋测绘和内陆水域监测的卫星大地测量关键技术及应用，2018，国家科学技术进步奖二等奖，中华人民共和国国务院 .

大气领域

温室气体和碳排放的空间监测方法研究

（Dragon3-10643；Dragon4-32301；Dragon5-59335）

一、总体介绍

中国科学院大气物理研究所刘毅研究员项目组参与"龙计划"三期（10643）、四期（32301）和五期（59355），与英国对地观测中心、芬兰气象所科研团队合作，在温室气体和碳排放的空间监测方法研究方面开展合作（图1）。项目组参与中国第一颗碳监测卫星（TanSat）的论证、设计优化、数据反演与源汇计算方法研究。研发建成了基于大气二氧化碳观测计算碳排放和生态系统固碳的方法，包括：自主研发了高精度卫星观测模拟和反演系统，获得中国碳卫星首幅全球 XCO_2 分布图，数据精度达到国际先进水平；基于比尔琅勃定律和差分吸收光谱技术建立了卫星观测 SIF 反演算法，并应用于 TanSat 卫星观测光谱数据，获取了 2017 年 3 月至 2018 年 2 月的 TanSat 全球 SIF 数据集；建立了基于天地一体化观测的碳源汇计算方法与系统，结合中国地面监测和卫星数据，发现中国陆地生态系统，尤其是西南地区存在未被发现的巨大生态碳汇。该结果于 2020 年 10 月发表在 *Nature* 主刊，引起了国内外学者的广泛关注，并被多家媒体跟踪报道。

二、亮点成果

（一）发现中国陆地生态系统存在巨大碳汇

本研究使用基于大气 CO_2 浓度观测的"自上而下"反演算法，在通用的美国国家海洋和大气管理局（NOAA）数据集的基础上，主要加入了西伯利亚 9 个站和

图 1　项目团队合影

中国 7 个区域背景站观测。结果表明，2010—2016 年，中国陆地生态系统（包括森林、灌木丛等）平均每年约吸收（1.11±0.38）PgC，约占中国化石燃料和水泥生产排放的 45%。研究结果表明在中国西南地区（主要包括云南、贵州、广西）有巨大的生态圈碳汇，这在之前的研究中没有被揭示过。后续研究通过将大气化学传输模式分辨率提升 4 倍，2015 年分别采用卫星和地面观测数据进行计算，中国陆地碳汇为 0.62～0.81 PgC，基本在原研究的不确定度范围之内。

（二）中国碳卫星陆表二氧化碳数据产品达国际先进水平

本研究使用自主研发的 IAPCAS 温室气体卫星观测反演算法，同步优化中国碳卫星观测光谱，实现软定标参数和 XCO_2 协同反演。反演获得新一版 2017—2018年中国碳卫星陆地观测 XCO_2 全球分布和数据产品，经全球地基观测网 TCCON 验证，反演精度 1.47 ppm，达到国际先进水平。数据产品通过中国 GEO 数据平台开放共享。在中欧"龙计划"的支持下，使用英国莱斯特反演算法 UoL-FP 开展了中国碳卫星（TanSat）反演实验，与我国自主算法的反演结果进行了对比，标准差优于 1.3 ppm（图 2）。

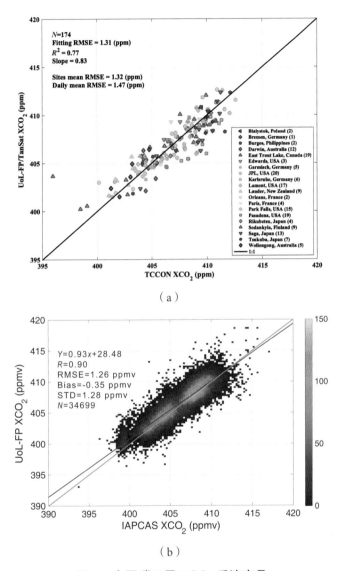

（a）

（b）

图 2　中国碳卫星 XCO$_2$ 反演产品

［注：（a）中国碳卫星反演精度验证，全球 20 个 TCCON 观测站参与验证实验
（站点如图例所示）；（b）中方团队自主算法 IAPCAS 与英国莱斯特大学
算法的反演结果对比，色标表示概率密度］

（三）获取全球 TanSat SIF 产品

本研究基于比尔朗勃定律和差分吸收光谱技术建立了一套卫星观测叶绿素
荧光（SIF）反演算法，并应用于 TanSat 卫星观测光谱数据，获取了 2017 年 3 月

至 2018 年 2 月的 TanSat 全球 SIF 数据集。TanSat SIF 产品单一观测点的精度为 $0.1 \sim 0.6 \, Wm^{-2} \, \mu m^{-1} \, sr^{-1}$，其 $1° \times 1°$ 网格数据产品精度为 $0.03 \, Wm^{-2} \, \mu m^{-1} \, sr^{-1}$。通过与 OCO-2 官方 SIF 产品的比较，发现反演的 TanSat SIF 数据产品与 OCO-2 官方产品质量相当，验证了 TanSat 卫星观测光谱和 SIF 反演算法的可靠性。根据全球季节性 TanSat SIF 分布图，发现北半球夏季中国西南地区存在强烈的 SIF 发射，其强度约为 $1.5 \, Wm^{-2} \, \mu m^{-1} \, sr^{-1}$，表明中国西南地区植被巨大的固碳能力。

三、代表性成果

[1] LIU Y，YANG D，CAI . A retrieval algorithm for the Chinese carbon dioxide observation satellite TanSat：Preliminary retrieval experiments using TANSO-FTS/GOSAT data[J]. Chin Sci Bull，2013，58（13）：1520–1523.

[2] YANG D，LIU Y，CAI Z，et al. First global carbon dioxide maps produced from TanSat measurements[J]. Adv Atmos Sci，2018，35（6）：621–623.

[3] YANG D，BOESCH H，LIU Y，et al. Toward high precision XCO_2 retrievals from TanSat observations：Retrieval improvement and validation against TCCON measurements[J]. Journal of geophysical research：atmospheres，2020，125（22）：e2020 JD032794.

[4] YAO L，YANG D，LIU Y. A new global solar-induced chlorophyll fluorescence（SIF） data product from TanSat measurements[J].Advances in atmospheric sciences，2021（38）：341-345.

[5] WANG J，FENG L，PALMER P I，et al. Large Chinese land carbon sink estimated from atmospheric carbon dioxide data[J]. Nature，2020（586）：720–723.

第三极环境地区水资源变化预测研究

（Dragon2-5341；Dragon3-10603；Dragon4-32070）

一、总体介绍

（一）合作目标

以青藏高原和喜马拉雅山脉为核心的第三极环境地区（Third Pole Environment，TPE），是亚洲最大河流的发源地，为 10 个国家的 15 亿人口提供水源。由于其海拔高，TPE 在全球大气环流中发挥着重要作用，并对气候变化非常敏感。亚洲季风、高原下垫面（湖泊、冰川、雪盖和冻土）与高原大气在不同时空尺度上均有强烈的能量和水分交换。但是目前尚缺乏对其内在耦合过程的基本理解。因此，第二、第三、第四期"龙计划"的目标是：促进对亚洲季风、高原地表（包括永久冻土、季节冻土和湖泊）和高原大气在能量收支和水分循环方面相互作用的定量理解，以达到评估和理解冰冻圈和水圈的变化与亚洲季风系统中高原大气变化之间的联系，预测第三极环境地区水资源的可能变化。

（二）研究队伍

项目团队成员由年富力强、长期活跃在高原陆气相互作用领域的一线科研人员组成。具体如图 1 所示。

81

马耀明
中国科学院青藏高原
研究所研究员 / 杰青

马伟强
中国科学院青藏高原研
究所研究员/"百人计划"

仲雷
中国科学技术大学教
授 / 优青

李藏善
成都信息工程大学教授

陈学龙
中国科学院青藏高原研
究所研究员/"百人计划"

王宾宾
中国科学院青藏高原
研究所研究员

韩存博
中国科学院青藏高
原研究所研究员

谢志鹏
中国科学院青藏高原
研究所博士后

图 1　项目团队

（三）重要创新成果概述

　　发展并构建了新一代青藏高原多圈层地气相互作用多过程综合观测体系，建立了青藏高原多圈层地气相互作用多过程综合观测数据库并实现了跨行业共享。在多源卫星对地观测数据和青藏高原多圈层综合观测数据的支持下，发展了针对多源卫星平台的地气相互作用过程关键参数卫星遥感估算方法，系统揭示了青藏高原复杂下垫面和高原大气之间的水分与能量交换规律，促进了对亚洲季风系统、高原冰冻圈和高原水圈耦合过程的定量理解，为预测"第三极"地区气候和水资源的可能变化提供了现实依据。

二、亮点成果

（一）发布了首套青藏高原地—气相互作用过程逐小时长时间序列综合观测数据集

为了弥补青藏高原地区综合观测资料严重不足的问题，同时深入理解气候变化条件下该区域地表各个圈层间的相互作用过程与机制，研究团队通过 20 余年的艰苦努力，在气候条件极其严峻的青藏高原地区，逐步建立了覆盖高寒草甸、高寒荒漠、戈壁等高原典型下垫面的青藏高原地—气相互作用综合观测研究平台，对高原不同下垫面的大气状况、土壤水热变化及地—气间能量水分交换特征进行了长期的观测研究。通过对青藏高原地区 6 个野外观测台站自建站以来地气相互作用过程观测数据的统一集中处理，建立了一套由长期气象梯度观测、辐射观测、土壤水热特征观测及湍流特征观测构成的青藏高原地—气相互作用综合观测数据集，并在此基础上分析了各台站常规气象要素（风速、气温、相对湿度和气压等）、辐射、土壤水热特征和大气湍流特征的多年平均日变化、日平均和月平均特征。

该数据集综合了中国科学院的珠穆朗玛大气与环境综合观测研究站、藏东南高山环境综合观测研究站、那曲高寒气候环境观测研究站、纳木错多圈层综合观测研究站、阿里荒漠环境综合观测研究站和慕士塔格西风带环境综合观测研究站2005—2016 年逐小时气象梯度数据、辐射、土壤和涡动观测数据；包含了由多层风速风向、气温、湿度，以及气压、降水组成的梯度观测数据，辐射四分量数据，多层土壤温湿度和土壤热通量观测数据，以及感热通量、潜热通量和二氧化碳通量组成的湍流数据；是目前为止发布的青藏高原地区分辨率最高、观测序列最长、观测要素最为齐全的野外台站综合观测资料。该数据集可广泛应用于青藏高原气象要素特征分析、遥感产品评估和遥感反演算法的发展、数值模式的评估和发展等地球系统科学研究中，为地球系统科学集成、关键区域对全球变化的影响与响应，以及国家和地方开展青藏高原及其邻近地区的生态安全屏障建设等提供坚实可靠的科学依据。

该成果以 "A Long-term（2005–2016）Dataset of Hourly Integrated Land-atmosphere Interaction Observations on the Tibetan Plateau" 为题发表于 *Earth System Science Data*（*ESSD*）上。

（二）联合极轨和静止卫星建立了小时分辨率的地气通量时间序列资料

青藏高原水热通量的遥感估算对定量理解高原及周边地区能量和水分循环状况具有重要的意义。长期以来，基于极轨卫星的地表特征参数定量遥感反演和通量估算研究取得了长足的进展，但极轨卫星由于其固有的缺陷，如时间分辨率较低，导致很长时间以来，青藏高原地区高时间分辨率的地气通量资料匮乏，从而限制了对高原地表热状况的定量理解。为此，利用静止卫星 FY-2 C 上搭载的 SVISSR 反演了具有明显日变化的地表温度信息，结合 SPOT VGT 资料反演植被指数、地表反照率和地表比辐射率信息，结合驱动数据（风速、气温、湿度、气压、长短波辐射），在地表能量平衡系统的支持下，计算得到了空间分辨率为 10 km，时间分辨率为小时的地表能量平衡各分量（净辐射通量、感热通量、潜热通量和土壤热通量）。利用 6 个通量站（D105，MS3478，BJ，Nam Co，Linzhi 和 QOMS）的野外实测资料（3738 个样本）对卫星估算结果进行了绝对精度验证，得到净辐射通量、感热通量、潜热通量和土壤热通量的均方根误差分别为 76.63 W/m^2，60.29 W/m^2，71.03 W/m^2 和 37.5 W/m^2。通过和 GLDAS 通量产品的横向比较表明，极轨和静止卫星联合反演产品精度优于 GLDAS。在此基础上进一步分析了高原地气水热通量的多时间尺度分布特征，在日变化上，夜晚感热通量和潜热通量量级及幅度变化相对较小，日出后随着太阳高度角的增大而快速增大。高原地表通量的日变化特征和大气边界层的日变化特征基本保持一致。在季节变化上，随着季风的演化，高原感热通量和潜热通量表现出明显的反相变化趋势。高原日平均最大感热通量出现在 4 月（34.97 W/m^2），而日平均最大潜热通量出现在 6 月（69.09 W/m^2）。在空间分布上，高原感热通量的空间分布较为复杂，相对而言，高原西部由于植被稀少和土壤湿度较低，感热通量相对东部较大。而潜热通量的空间分布基本由水热组合条件较好的东南部向西北部减少。

该成果以 "Estimation of Hourly Land Surface Heat Fluxes over the Tibetan Plateau by the Combined Use of Geostationary and Polar Orbiting Satellites" 为题发表于 *Atmospheric Chemistry and Physics* 上。

（三）揭示了青藏高原大型湖泊蒸发量分布规律并给出了蒸发的水资源总量

在"龙计划"项目的框架协议下，中国科学院青藏高原研究所地气作用与气候效应研究团队结合青藏高原观测研究平台资料、卫星遥感资料和中国气象驱动数据集，提出了一种基于能量平衡估算双季对流湖泊蒸发量的研究方法，并得到了青藏高原 75 个大型湖泊多年平均（2003—2016 年）的冰物候和蒸发量空间分布规律，其中卫星遥感资料可以提供大型湖泊的湖表温度和湖泊冰物候变化。基于湖泊非结冰期能量平衡的合理假设，青藏高原大型湖泊非结冰期的蒸发量可通过湖泊的净辐射通量和波文比得到；基于高原湖泊结冰期冰面升华量的涡动相关观测结果，其结冰期升华量可通过湖泊结冰期长度和冰面升华平均值估算得到；最终可以得到青藏高原大型湖泊的蒸发量。

研究结果显示：①研究方法得到的湖泊冰物候显示出清晰的季节变化规律，并且波文比的季节变化规律与涡动相关观测结果呈现出较为一致的变化。②湖泊蒸发量及其相关要素显示出明显的空间分布差异，通常较高海拔、较小面积和较高纬度的湖泊对应着较长的结冰期和较低的湖泊蒸发量。③75 个大型湖泊蒸发的水资源总量每年大约为（294±12）亿吨，而青藏高原所有湖泊蒸发的水资源总量每年大约为（517±21）亿吨。

该成果以"Quantifying the Evaporation Amounts of 75 High-elevation Large Dimictic Lakes on the Tibetan Plateau"为题发表于 *Science Advances* 上。

三、代表性成果

[1] MA Y，HU Z，XIE Z，et al. A long-term（2005-2016）dataset of hourly integrated land-atmosphere interaction observations on the Tibetan Plateau[J]. Earth system science data，2020（12）：2937-2957.（SCI）

[2] FU Y，MA Y，ZHONG L，et al. Land surface processes and summer cloud-precipitation characteristics in the Tibetan Plateau and their effects on downstream weather: a review and perspective[J]. National science review，2020（7）：500-515.（SCI）

[3] WANG B，MA Y，SU Z，et al. Quantifying the evaporation amounts of 75 high elevation large dimictic lakes on the Tibetan Plateau[J]. Science advances，2020，6（26）：eaay8558.（SCI）

[4] MA W，MA Y. The evaluation of AMSR-E soil moisture data in atmospheric modeling using a suitable time series iteration to derive land surface fluxes over the Tibetan Plateau[J]. PLoS one，2019，14：e0226373.（SCI）

[5] ZHONG L，MA Y，XUE Y，et al. Climate change trends and impacts

on vegetation greening over the Tibetan Plateau[J]. Journal of geophysical research: atmospheres, 2019（124）: 7540-7552.（SCI）

[6] ZHONG L, MA Y, HU Z, et al. Estimation of hourly land surface heat fluxes over the Tibetan Plateau by the combined use of geostationary and polar-orbiting satellites[J]. Atmospheric chemistry and physics, 2019（19）: 5529-5541.（SCI）

[7] ZHONG L, ZOU M, MA Y, et al. Estimation of downwelling shortwave and longwave radiation in the Tibetan Plateau under all-sky conditions[J]. Journal of geophysical research: atmospheres, 2019（124）: 11086-11102.（SCI）

[8] WANG B, MA Y, WANG Y, et al. Significant differences exist in lake-atmosphere interactions and the evaporation rates of high-elevation small and large lakes[J]. Journal of hydrology, 2019（573）: 220-234.（SCI）

[9] MA Y, WANG Y, HAN C. Regionalization of land surface heat fluxes over the heterogeneous landscape: From the Tibetan Plateau to the Third Pole region[J]. International journal of remote sensing, 2018（39）: 5872-5890.（SCI）

[10] CHEN X, SU Z, MA Y, et al. An accurate estimate of monthly mean land surface temperatures from MODIS clear-sky retrievals[J]. Journal of hydrometeorology, 2017（18）: 2827-2847.（SCI）

[11] MA Y, MA W, ZHONG L, et al. Monitoring and modeling the Tibetan Plateau's climate system and its impact on East Asia[J]. Scientific reports, 2017（7）: 44574.（SCI）

[12] HAN C, MA Y, CHEN X, et al. Trends of land surface heat fluxes on the Tibetan Plateau from 2001 to 2012[J]. International journal of climatology, 2017（37）: 4757-4767.（SCI）

[13] HAN C, MA Y, CHEN X, et al. Estimates of land surface heat fluxes of the Mt. Everest region over the Tibetan Plateau utilizing ASTER data[J]. Atmospheric research, 2016（168）: 180-190.（SCI）

[14] MA Y, MENENTI M, FEDDES R, et al. The analysis of the land surface heterogeneity and its impact on atmospheric variables and the aerodynamic and thermodynamic roughness lengths[J]. Journal of geophysics research: atmospheres, 2018（113）: D08113.（SCI）

[15] MA Y, KANG S, ZHU L, et al. Tibetan observation and research platform-

atmosphere-land interaction over a heterogeneous landscape[J]. Bulletin of the American meteorological society，2008（89）：1487-1492.（SCI）

[16]　MA W，MA Y，LI M，et al. Estimating surface fluxes over the north Tibetan Plateau area with ASTER imagery[J]. Hydrology and earth system sciences，2009（13）：57-67.（SCI）

[17]　马耀明，姚檀栋，胡泽勇，等 . 青藏高原能量与水循环国际合作研究的进展与展望 [J]. 地球科学进展，2009，24（11）：1280-1284.

[18]　ZHONG L，MA Y，SALAMA M，et al. Assessment of vegetation dynamics and their response to variations in precipitation and temperature in the Tibetan Plateau[J]. Climatic change，2010（103）：519-535.（SCI）

[19]　MA W，HAFEEZ M，RABBANI U，et al. Retrieved actual ET using SEBS model from Landsat-5 TM data for irrigation area of Australia[J]. Atmospheric environment，2012（59）：408-414.（SCI）

[20]　马耀明 . 青藏高原多圈层相互作用观测工程及其应用 [J]. 中国工程科学，2012，14（9）：28-34.

[21]　马耀明，胡泽勇，田立德，等 . 青藏高原气候系统变化及其对东亚区域的影响与机制研究进展 [J]. 地球科学进展，2014，29（2）：207-215.

[22]　MA Y，ZHU Z，ZHONG L，et al. Combining MODIS，AVHRR and in situ data for evapotranspiration estimation over heterogeneous landscape of the Tibetan Plateau[J]. Atmospheric chemistry and physics，2014（14）：1507-1515.（SCI）

中国空气质量的监测研究

（Dragon3-10663；Dragon4-32771）

一、总体介绍

发展和利用最先进的卫星遥感技术及计算算法，开展地面测量并融合地面测量数据，提供准确的大气成分（污染成分，包括气体、气溶胶等；非污染成分，植物挥发性有机物）源排放清单，研究大气成分排放的时空分布及其变化规律，研究化学和光化学机制，为中国提供最新的空气质量信息，为空气污染治理提供科学依据和建议。

（一）合作目标

中国空气质量的测量、模拟、机理、预测。

（二）研究队伍（图1）

Dr. Ronald van der A, Royal Netherlands Meteorological Institute, Netherlands.

Prof. Gerrit de Leeuw, Finnish Meteorological Institute（FMI）, Finland.

Dr. Nan Hao, German Aerospace Center, Germany.

薛勇，教授，中国矿业大学环境与测绘学院。

白建辉，研究员，中国科学院大气物理研究所。

图 1　中欧合作团队成员参加欧盟 MacroPolo 项目研讨会

（三）重要创新成果概述

研究并获得中国区域空气污染物（NO_x、SO_2）更新的排放清单和分布状况；发展了一种利用遥感数据的特定粒子群消光质量转换算法；获得中国区域 20 年间气溶胶光学厚度（AOD）及其他光学参数；发展了一种基于简单气候模型及全球 CO_2 和 CH_4 循环的耦合模型研究气候变化的方法；获得基于卫星数据的 1987—2012 年中国东北地区气溶胶数据集；研究和发现华北地区大气成分的长期变化特征，提出大气成分光化学机制，提出华北大气污染治理建议。发展了我国亚热带森林太阳总辐射的计算方法，它可以计算地面和大气顶的总辐射和反照率，以及损失于大气的吸收和散射性能量。地面和卫星获取的综合大气成分数据，不仅客观反映了我国各个地区大气污染治理的效果，也为未来大气污染治理措施的制定提供了可靠的理论依据。

二、亮点成果

（一）中国 NO_x、SO_2 的排放量及其时空分布

（1）研究方法：采用多种卫星观测数据和改进的 NO_x、SO_2 排放算法，即 NO_x 使用 DECSO 方法（卫星观测约束条件下日排放估计）、SO_2 使用基于 DOAS

技术和辐射传输模式的方法。同时，高时效地结合自下而上和自上而下两种方式。

（2）成果描述：获得了中国区域及时更新的高质量NO_x、SO_2浓度和排放数据；研究发现，中国相关部门采取严格的环境控制措施（电厂脱硫、使用低硫煤和石油、催化还原设备、吸附等）、国3和国4排放标准后，2005—2015年全国SO_2排放率下降，NO_x自2012年之后大幅下降（图2）。模式研究表明，如不采取严格治理措施，SO_2、NO_x浓度将分别是相同时段的2.5倍、高出25%。

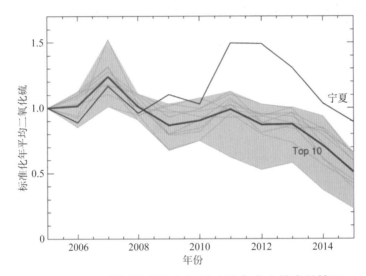

图2 OMI卫星测量中国SO_2浓度排名前十的省份情况

（注：红线——10个省的年均值，灰线——10个省的变化情况，蓝线——宁夏的变化情况）

（二）中国气溶胶光学厚度（AOD）时空分布

（1）研究方法：采用多种卫星数据和气溶胶双视图算法（Aerosol Dual View algorithm，ADV）及气溶胶单视图算法（Aerosol the Single View algorithm，ASV）。

（2）成果描述：利用多种卫星数据和反演算法，获得了中国地区20年（1995—2005年）气溶胶光学厚度（AOD）及其他气溶胶参数。AOD表现出显著的季节变化和地区差异，2011年之前AOD上升，2011年后AOD下降（图3）。MODIS-Terra的AOD明显高于ATSR的AOD，其差别随AOD的增加而增大；MODIS-Terra和ATSR的AOD与地面AERONET测量的AOD有很好的一致性；ATSR和

MODIS 的 AOD 表现出一致的变化规律（图 4）。卫星数据弥补了地面气溶胶观测数据的缺乏。发展了基于卫星反演 AOD 和气象参数计算 PM2.5 的方法。

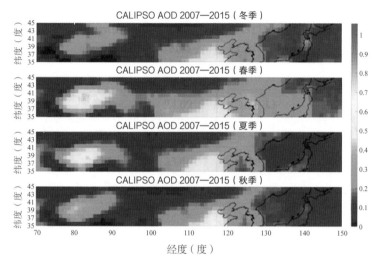

图 3　2007—2015 年 CALIOP 反演的 AOD 四季变化

（注：空间范围为：35 ～ 45° N，70 ～ 150° E）

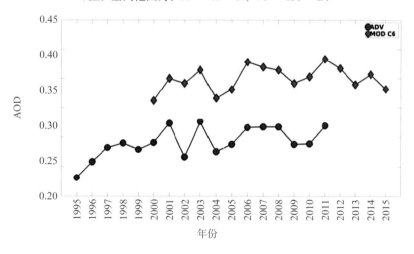

图 4　ASTR 和 MODIS 反演的中国 1995—2015 年 AOD 时间序列

（三）航空业对 2015—2100 年碳—甲烷循环和气候变化的影响预测

（1）研究方法：研究在考虑温室气体最大存储量及通量的基础上，提出了一种基于简单的气候模型及全球 CO_2 和 CH_4 循环的耦合模型确定气候变化的方法。

该耦合模型由8个独立的模块组成，实现不同温室气体排放情景下预测航空排放对气候变化的影响。

（2）成果描述：在不同人为影响的温室气体排放机制下，全球温度、大气温度和二氧化碳浓度可能分别升高 $1 \sim 3$ ℃和 $570 \sim 750$ ppm（图5）。研究结果表明，航空在 2015—2095 年对这些变化的贡献为（1.5 ± 0.1）%。

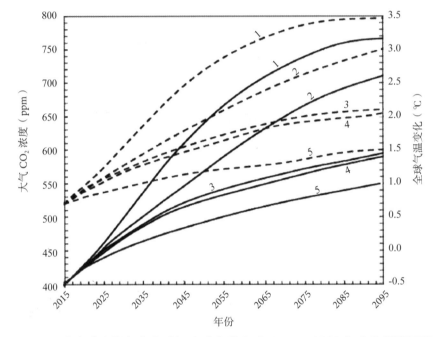

图5　CO_2 浓度（实线）和全球温度（虚线）在 2015—2095 年变化的预测结果

（注：1—RCP8.5 温室实体排放情景；2—排放情景 TR；3—合并使用 SP 和
LC 方案得出的结果，2050 年之前 $\mu = 1.0$，在之后 $\mu = 0.9$；4—排放情景 TD，
2050 年之前 $\eta = 4\%$，此后 $\eta = 2\%$；5—RCP2.6 排放情景）

（四）基于 ATSR-2、AATSR 和 AVHRR 等卫星数据的 1987—2012 年中国东北地区气溶胶数据集

（1）研究方法：研究探索了使用 AVHRR AOD 产品将 ATSR-2 和 AATSR AOD 产品时间跨度由 1995—2012 年回溯延长为 1987—2012 年的方法。使用 AERONET 和 CARSNET 的地面气溶胶 AOD 测量结果和 MODIS-TerraC6.1 AOD 产品作为参

考值，在中国东北人口密集的城市地区和人口稀少的山地区域两种气溶胶含量、组成成分和下垫面属性反差明显的地区对该方法进行了验证。

（2）成果描述：与 MODIS AOD 产品的比较表明，在研究区域的北部 AVHRR 的性能优于 ATSR，而在南部 ATSR 则提供了更好的结果。与地面太阳光度计 AOD 测量结果表明，AVHRR 和 ATSR 均低估了 AOD，且 ATSR 无法在冬季提供可靠的结果（图 6）。

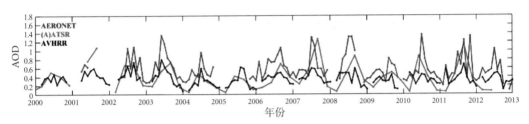

图 6　ATSR、AVHRR AOD 对比 AERONET AOD 观测值

（五）华北地区大气污染物空地测量和机理研究及治理措施

（1）研究方法：采用地面测量和卫星遥感结合的方法，综合测量和研究了华北地区大气成分（NO_x、SO_2、O_3、甲醛、挥发性有机物 VOCs、PM2.5、气溶胶）、太阳辐射、气象参数等在 2005—2015 年的长期变化情况。

（2）成果描述：发现华北地区大气成分（气体、颗粒物）地面浓度和大气柱含量的变化特征，以及它们和太阳辐射之间的相互关系，提出大气成分的光化学机制。基于在我国多地进行的测量和模式研究，提出治理华北地区大气污染物的一些建议。

洁净地区大气成分 10 年间的变化：NO_x：−3.4%/ 年，SO_2：−0.8%/ 年，O_3：1.7%/ 年，PM2.5：0.9%/ 年（图 7）；卫星反演的甲醛和 NO_2 柱浓度增加、气溶胶光学厚度 AOD 增加、SO_2 柱浓度下降（图 8）。因此，地面和卫星数据共同揭示出挥发性有机物（包含人为源和自然源）的增长，导致了它们在太阳辐射触发下与其他大气成分参加化学和光化学反应，进而产生甲醛、O_3、AOD 等，并带来它们的增长如式（1）所示。

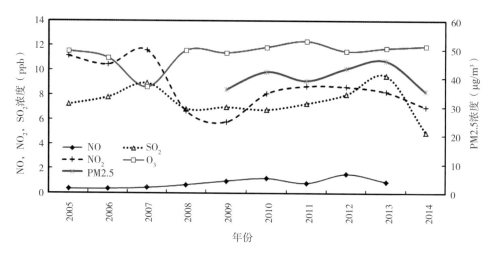

图7　兴隆站地面测量气体（NO、NO₂、SO₂、O₃）浓度和
颗粒物 PM2.5 浓度的年平均值

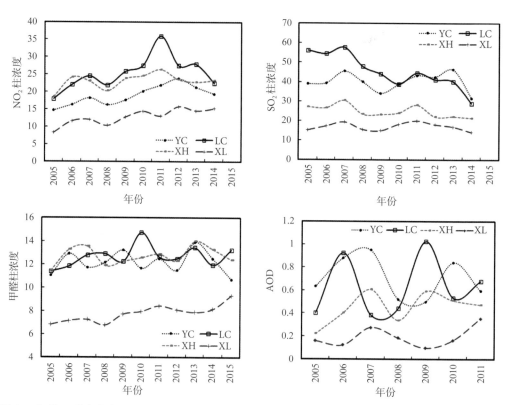

图8　华北4站（山东禹城 YC，河北栾城 LC、香河 XH、兴隆 XL）卫星测量甲醛（HCHO）、
NO₂、SO₂ 柱浓度（1015 molec/cm²）、气溶胶光学厚度（AOD）的年平均值

$$VOCs+OH+NO_2+SO_2+UV+VIS \rightarrow O_3+ 甲醛 +PM2.5, \qquad （1）$$

式中，UV 和 VIS 为太阳紫外和可见光辐射。因此，控制各种来源 VOCs 的排放是最为重要的措施；其次，控制人为因素导致的植物挥发性有机物（BVOCs）高排放，剪枝除草将导致 BVOCs 排放快速增长，故城市地区的此类活动建议在 16：00 之后，以避免上午和中午时段较高辐射引起的光化学污染物产生，控制生物质燃烧等，因为生物质燃烧将带来 BVOCs 排放的快速增长；加倍控制 NO_x、SO_2 的排放，因为随着当前特别是未来实现碳达峰、碳中和目标，植物种植和绿地面积将增加，BVOCs 排放也将随之增大，依据化学机制（1），必须加大力度进一步减少 NO_x、SO_2 等的排放，以最终控制二次污染物（O_3、甲醛、PM2.5 等）的生成。

三、代表性成果

[1] VAN D A R J，MIJLING B，DING J，et al.Cleaning up the air：effectiveness of air quality policy for SO_2 and NOx emissions in China[J].Atmos Chem Phys，2017（17）：1775-1789.（SCI）

[2] DING J，MIYAZAKI K，VAN D A R J，et al. Intercomparison of NO_x emission inventories over East Asia[J]. Atmos Chem Phys，2017（17）：10125-10141.（SCI）

[3] SUNDSTRÖM A M，NIKANDROVA A，ATLASKINA K，et al. Characterization of satellite-based proxies for estimating nucleation modeparticles over South Africa[J]. Atmos Chem Phys，2015（15）：4983-4996.（SCI）

[4] SOGACHEVA L，KOLMONEN P，VIRTANEN T H，et al.Post-processing to remove residual clouds from aerosol optical depth retrieved using the Advanced Along Track Scanning Radiometer[J]. Atmos Meas Tech，2017（10）：491-505.（SCI）

[5] DE L G，SOGACHEVA L，RODRIGUEZ E，et al. Two decades of satellite observations of AOD over mainland China using ATSR-2，AATSR and MODIS/Terra：data set evaluation and large-scale patterns[J]. Atmos Chem Phys 2018（18）：1573-1592.（SCI）

[6] CHE Y H，GUANG J，DE L G，et al. Investigations into the development of a satellite-based aerosol climate data record using ATSR-2，AATSR and AVHRR data over north-eastern China from 1987 to 2012[J]. Atmospheric measurement techniques，2019（12）：4091-4112.

中欧遥感科技合作
"龙计划"文集

[7]　LI Y, XUE Y, GUANG J, et al. Spatial and temporal distribution characteristics of haze days and associated factors in China from 1973 to 2017[J]. Atmospheric environment, 2019（214）.

[8]　VAROTSOS C, KRAPIVIN V, MKRTCHYAN F, et al. On the effects of aviation on carbon-methane cycles and climate change during the period 2015-2100[J]. Atmospheric pollution research, 2021（12）: 184-194.

[9]　BAI J H, DE L R, VAN D A I, et al. Variations and photochemical transformations of atmospheric constituents in North China[J]. Atmos Environ, 2018（189）: 213-226.（SCI）

[10]　BAI J H, GUENTHER A, TURNIPSEED A, et al. Seasonal and interannual variations in whole-ecosystem BVOC emissions from a subtropical plantation in China[J]. Atmos Environ, 2017（161）: 176-190.（SCI）

[11]　白建辉, 郝楠. 亚热带森林植物挥发性有机物（BVOCs）排放通量与大气甲醛之间的关系 [J]. 生态环境学报, 2018, 27（6）: 991-999.

[12]　BAI J H, ZONG X M. Global solar radiation transfer and its loss in the atmosphere[J]. Appl Sci, 2021, 11（6）: 2651.

农业领域

利用中欧卫星数据开展农作物分类研究

（Dragon4-32194）

一、总体介绍

项目联合利用中欧高、中低分辨率的卫星数据开展作物监测和作物制图的方法研究。项目由两个任务组成：一个是利用高分辨率的卫星数据；另一个是利用中低分辨率的卫星数据。第一任务联合利用时间序列中欧高分辨率卫星数据进行作物制图研究，项目利用欧洲哨兵 2 号和中国高分 1 号二者的优势，在作物生长季早期即可更好地制作作物分类图。第二任务利用 PROBA-V 和 FY3 MERSI 数据进行作物监测，PROBA-V 和 FY3 MERSI 有相近的波段且各有特色，这种相似性便于联合利用中欧中低分辨率数据进行时间序列农业监测。

（一）合作目标

在欧洲空间局项目 Sent2 Agri 的基础上，将欧洲的作物制图方法拓展为可融合中国高分辨率卫星数据的作物制图方法，并在中国研究区实践。

利用 PROBA-V 和 FY3 MERSI 数据，研发处理双方数据的方法，并从中提取信息，进而用于作物生长监测、作物干旱监测和作物制图。

（二）研究队伍

第一任务由国家卫星气象中心（NSMC）和比利时新鲁汶大学（UCL）牵头，宁夏气象科学研究所参加（图 1）。

第二任务由国家卫星气象中心（NSMC）和比利时法兰德斯技术研究院（VITO）牵头，中国农业科学院农业资源与农业区划研究参加。

（a）

（b）

图 1　中方研究团队访问比方研究团队合影

二、亮点成果

（一）研究方法

及时获取当季农作物的分布是提高农业气象精准与精细化服务水平和精度的一个突破口。在"龙计划"第四期项目 #32194 的支持下，项目组对遥感分类方法进行了深入研究，提炼出一套基于多源高分辨率卫星数据的农作物分类技术流程。首先通过地面采样，获取了地面样本数据，结合遥感图像对样本数据进行了扩展和优化，形成遥感分类的训练样本数据集；其次采用机器学习语言随机森林算法作为主要分类器，进行农作物分类；最后采用误差混淆矩阵方法对分类结果进行评价，该方法在宁夏银川平原得到了大面积试用，提高了分类精度和效率，取得了很好效果。

（二）成果描述

1. 基于高分辨率卫星数据的农作物分类研究

宁夏银川平原是我国北方农作物种植的一个优势区域，尽管处于西北干旱地区，但由于引黄灌溉的便利，农业生产持续稳定，农作物种植类型丰富多样。中方项目组在欧方研发的 Sent2 Agri 系统的基础上，收集了 2017 年和 2018 年两个生长季期间中国高分卫星数据、欧洲哨兵卫星数据，经过遥感数据基础处理，形成研究所用的时间序列数据集，并按上述方法进行了遥感分类。研究表明，宁夏银川平原 2017 年农作物分类精度：OA 为 96.4%，Kappa 为 95.0%，F1-Score 为 95.2%；2018 年农作物分类精度：OA 为 97.2%，Kappa 为 97.0%，F1-Score 为 95.1%。以高分卫星数据为主的农作物分类结果精度，较欧洲的卫星数据低 3% ～ 4%，由于欧洲哨兵卫星数据波段最多和分辨率也最高，农作物分类结果的精度是最高的，但是因为数据量巨大，产生了新的数据处理技术门槛。

2. 基于中低分辨率卫星数据的农作物分类研究

低分辨率的卫星数据应用于农业监测也有 20 多年的历史了。欧洲的 PROBA-V 可免费提供全球覆盖 100 m 分辨率的数据，正在开创农业监测的新时代。同时，中国的风云卫星也开始提供 250 m 的全球数据。项目利用 2017 年获取的地面样本数据，结合 100 m 分辨率的遥感图像对样本数据进行了扩展和优化，形成遥感分类的训练样本数据集，然后采用机器学习语言随机森林算法作为主要分类器，进行农作物分类，增强中低分辨率卫星数据在农业监测中应用的能力（图 2）。

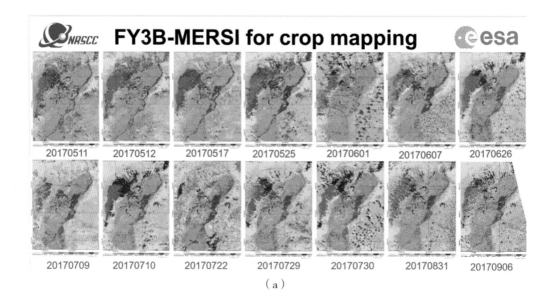

（a）

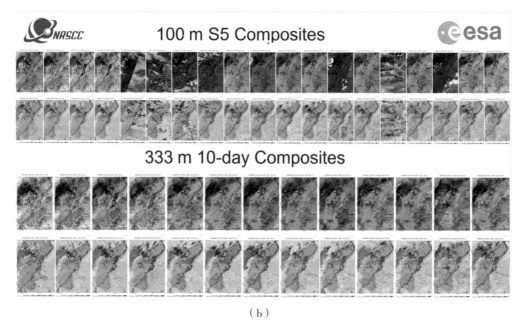

（b）

图2　2017年宁夏银川平原时间序列农作物分类

三、代表性成果

[1]　FAN J，ZHANG X，ZHAO C，et al. Evaluation of crop type classification with different high resolution satellite data sources[J].Remote Sens，2021，13：911. https：//doi.org/10.3390/rs13050911.（SCI）

[2]　FAN J，DEFOURNY P，DONG Q，et al. Sent2 Agri System Based Crop Type Mapping in Yellow River Irrigation Area[J]. J. Geod Geoinf Sci，2020（3）：110–117.

[3]　李启亮, 范锦龙, 许淇, 等 . 基于GPS照片数据处理系统的地面样方调查 [J]. 测绘地理信息，2019（3）：113-116.

[4]　许淇，李启亮，MATHILDE D V，等 . 基于随机森林算法的多作物同步识别 [J]. 山东农业科学，2019，51（3）：135-139.

中欧地球观测数据的综合开发支持农业资源的监测与管理

（Dragon4-32275）

一、总体介绍

（一）合作目标

本项目计划基于现有高分辨率卫星遥感数据，结合小区控制实验和星地同步观测实验，开展多星组网遥感数据融合处理与尺度转换研究，建立植被理化参数（包括叶面积指数和叶绿素含量）的多时相高精度反演模型，将作物遥感反演参数与气象、植保等数据相结合，实现建立作物病虫害高精度遥感监测模型，实现作物病虫害精准快速监测。

（二）研究队伍

中国科学院空天信息创新研究院黄文江团队和意大利国家研究理事会环境分析方法研究所 Stefano Pignatti 团队（图 1）。

图1 项目研究团队合影

（三）重要创新成果概述

提出了作物 LAI 遥感反演新指数和不同层小麦最优叶片叶绿素含量反演方法；构建了多尺度小麦条锈病遥感监测方法。

二、亮点成果

（一）高精度作物 LAI 和叶绿素反演方法

（1）研究方法：依托不同遥感数据源和田间实验数据，基于高光谱植被指数对作物 LAI 的经验反演模型进行了改进，并对高光谱影像用于反演不同肥水条件冬小麦的普适性进行了研究；利用多光谱影像的红边波段对基于多光谱植被指数的 LAI 遥感估算方法进行了改进，提高了利用多光谱数据反演作物 LAI 的精度；按照不同叶位将冬小麦植株分为上、中、下 3 层，分析了叶绿素含量在小麦冠层内部的垂直分布规律和不同生育期多角度光谱响应特征，对比了光谱指数在不同天顶下对不同层叶绿素含量的敏感性，优化得出监测每个垂直层叶绿素含量的最佳光谱指数（图2）。

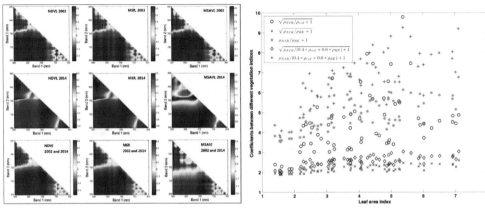

（a）不同波段组合下的植被指数与LAI的相关性分析结果　（b）多光谱影像中植被指数之间的比例系数随LAI变化关系

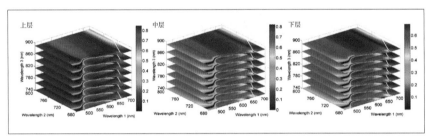

（c）光谱指数分别与冬小麦上层、中层和下层叶绿素含量在
+50°、+30°和+20°角度下的相关性分析结果

图2　冬小麦LAI和叶绿素与光谱指数的相关性分析

（2）成果描述：从植被指数的筛选和改进，以及植被指数的波段组合方法改进两个方面，研究了高光谱植被指数对冬小麦叶面积指数反演的改进，进而提出了不同肥水条件下冬小麦LAI反演方法，同时将多光谱数据中的红波段与红边波段结合，构建了新的多光谱植被指数，取得了较好的LAI反演精度。此外，基于多角度高光谱数据对冬小麦冠层内叶绿素含量垂直分布进行了反演，提出了各层小麦最优叶片叶绿素含量反演方法。结果为作物LAI和叶绿素遥感监测提供了理论支持，为更精确地反映作物真实营养和生长状况、优化设计地基传感器提供了科学指导（图3）。

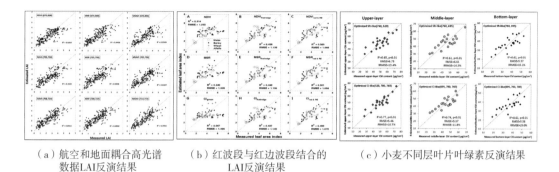

（a）航空和地面耦合高光谱　　（b）红波段与红边波段结合的　　（c）小麦不同层叶片叶绿素反演结果
　　数据LAI反演结果　　　　　　　LAI反演结果

图3　冬小麦 LAI 和叶绿素的反演结果

（二）多尺度小麦条锈病遥感监测方法

（1）研究方法：基于小区控制实验和区域星地同步观测实验获取了多尺度下小麦条锈病遥感观测数据和配套地面调查数据。利用近地面及低空无人机获取的作物叶片和冠层高光谱吸收特征，结合连续小波特征和植被指数特征在表征病虫害整个胁迫周期中引起的植物生长物理变化的能力，分别对叶片及冠层尺度的小麦条锈病监测进行建模。基于遥感卫星观测数据、气象站点数据、植保调查数据，结合小麦条锈病发生的特点，对小麦条锈病的区域尺度监测方法进行建模，实现了在区域尺度上小麦条锈病的精准监测（图4）。

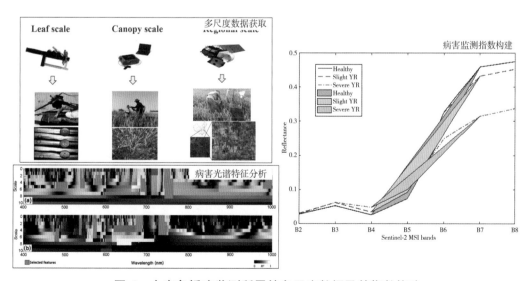

图4　小麦条锈病监测所需的多尺度数据及其指数构建

（2）成果描述：结合多尺度遥感平台获取的观测数据、气象数据及农学数据，明确了小麦条锈病在不同遥感观测尺度上的监测机理和流行机制，阐明了区域尺度上有利于小麦条锈病发生的条件，构建了叶片、冠层和区域尺度下的小麦条锈病遥感监测方法，从遥感理论和方法的角度实现了小麦条锈病的快速、大面积、无损监测，为遥感技术在病虫害的绿色防控和生态治理方面提供了方法与技术支持（图5）。

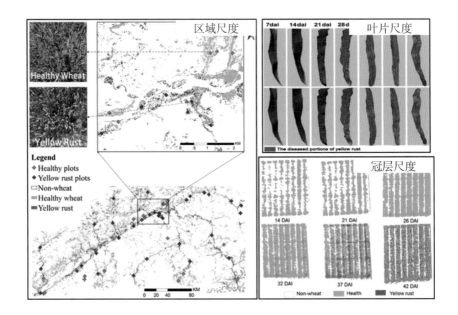

图5　不同尺度上冬小麦条锈病的监测结果

三、代表性成果

[1]　XIE Q，HUANG W，ZHANG B，et al. Estimating winter wheat leaf area index from ground and hyperspectral observations using vegetation indices[J]. IEEE journal of selected topics in applied earth observations and remote sensing，2015，9（2）：771-780.

[2]　XIE Q，DASH J，HUANG W，et al. Vegetation indices combining the red and red-edge spectral information for leaf area index retrieval[J]. IEEE Journal of selected topics in applied earth observations and remote sensing，2018，11（5）：1482-1493.

[3]　KONG W，HUANG W，ZHOU X，et al. Off-nadir hyperspectral sensing for estimation of vertical profile of leaf chlorophyll content within wheat canopies[J]. Sensors，2017，17（12）：2711.

[4]　SHI Y，HUANG W，GONZÁLEZ-MORENO P，et al. Wavelet-based rust spectral feature set（WRSFs）：A novel spectral feature set based on continuous wavelet transformation for tracking progressive host–pathogen interaction of yellow rust on wheat[J].Remote sensing，2018，10（4）：525.

[5]　ZHENG Q，HUANG W，CUI X，et al. New spectral index for detecting wheat yellow rust using Sentinel-2 multispectral imagery[J]. Sensors，2018，18（3）：868.

城市领域

面向可持续发展的城市遥感

（Dragon4-32248_1；Dragon2-5317；Dragon3-10695）

一、总体介绍

（一）合作目标

"龙计划"城市遥感项目从 2008 年开始，经过二期（Dragon Ⅱ 5317：Satellite Monitoring of Urbanization in China for Sustainable Development）、三期（Dragon Ⅲ 10695：Multi-temporal Multi-sensor Analysis of Urban Agglomeration and Climate Impact in China for Sustainable Development）、四期（Dragon Ⅳ 32248_1：Mapping and Monitoring Urban Agglomeration and Urban Capacity in China for Smart and Sustainable Cities）的合作研究，面向城市可持续发展的需求，以人工智能、大数据、机器学习相关理论和方法为指导，发展有效的城市信息遥感解译方法与模型，推进国产遥感信息源在城市研究中的应用，为城市管理与规划决策提供可信的决策信息。

（二）研究队伍

中方合作队伍包括中国科学院地理科学与资源研究所周成虎院士、清华大学宫鹏教授、南京大学杜培军教授等；欧方研究队伍包括瑞典皇家理工学院（Royal Institute of Technology，KTH）、意大利帕维亚大学（University of Pavia）的 Paolo Gamba 教授等。

（三）重要创新成果概述

（1）构建了面向可持续发展的城市遥感研究框架。

（2）提出了基于集成学习的遥感图像分类与变化检测方法。

（3）推进了国产 BJ-1、CBERS、高分等遥感数据城市应用。

二、亮点成果

（一）面向可持续发展的城市遥感研究框架

（1）研究方法：结合地理学对人地关系、地域系统研究的方法，构建了一个地理学视角的城市遥感研究框架，如图 1 所示。

多时相处理

结构与格局 → 变化与过程

遥感分类
景观分析

变化检测
动态分析

格局与过程耦合

要素识别
状态量化

模型耦合
综合评价

要素与作用

功能与响应

定性定量集成

图 1　地理学视角的城市遥感研究框架

该框架系统地体现了城市作为一个开放空间、城市化作为一个动态过程、城市内部各种要素相互作用、城市化与资源环境响应、人类活动与城市系统作用多方面的特性。

"结构与格局"对城市构成、土地利用 / 覆盖进行描述，结合各种格局分析方法如景观生态指标等对城市的构成进行综合描述。

"要素与作用"重点对城市各种关键要素如植被、不透水面、水资源、建设用地等进行定性、定量的专题描述与分析，对多种要素的相互作用、人类活动与城市自然系统的相互影响进行研究。

（2）成果描述："变化与过程"重点从动态视角对城市扩展、城市要素变化进行分析，充分利用多时相遥感影像对城市结构、要素演变进行综合研究，实现对城市扩展时空过程的综合描述。

"功能与响应"则将城市自然系统所具备的服务功能、人类活动影响下城市系统的响应及不同地理空间范围内城市与区域相互作用与响应作为一个整体，耦合城市多源遥感信息和各种专题分析模型，实现对城市问题的综合研究。

（二）基于集成学习的遥感多分类器集成分类研究

以多源遥感影像为数据源，从中提取反映地物光谱、空间和变化的多维特征，引入先进的机器学习算法，通过分类器优化和多分类器集成，能够得到优于常规方法的分类结果，从而为格局分析提供支持。相关分类研究的主要策略如图2、图3所示。

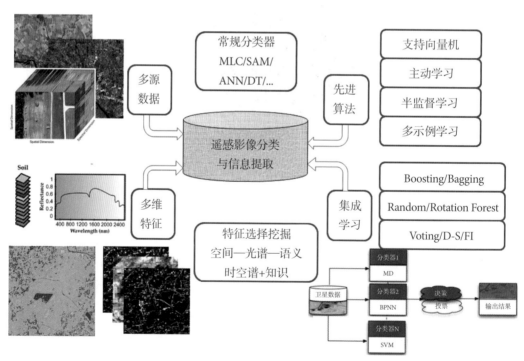

图2　城市土地利用/覆盖遥感分类的研究策略

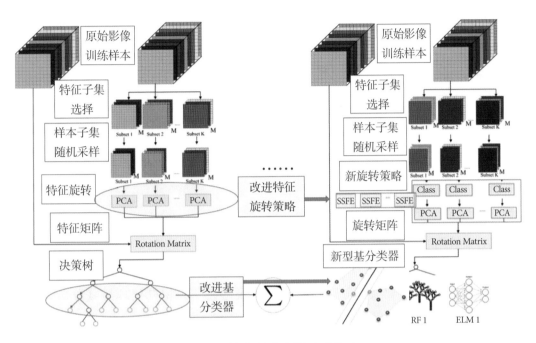

图3 旋转森林分类器改进策略

（三）多时相北京二号影像南京市生态红线区精准监测

（1）研究方法：利用高分辨率北京二号遥感影像开展了生态红线区地表覆盖精细分类与综合分析研究，设计了从数据预处理到面向对象分类的技术流程。

（2）成果描述：研究表明利用多时相北京二号影像可以监测到中低分辨率影像难以识别的地表覆盖空间细节变化，达到生态红线区精准、动态监测的目的。

（四）长江三角洲城市群生态环境承载力监测与分析

以长江三角洲城市群核心区为例，采用生态足迹模型评价可持续发展状况，结合区域特点，修正了全球平均产量、产量因子及人口数据等重要参数，在已有评价指标的基础上提出了生态赤字密度，从而在生态足迹的框架下从小尺度评价了区域的生态超载状况。结果显示，长江三角洲城市群内的生态足迹均大于生态承载力，均处于生态超载状态，且大部分城市表现为加剧趋势。

生态赤字密度具有一定的分布规律：与行政单元等级相关，大城市市区表现为高水平的赤字密度，而多数农村区域表现为盈余或轻度赤字；南北差异大，重

度赤字大多集中在长三角北部；与水系分布有关，较高水平的生态赤字多集中在水系周围。

2005—2010 年，大部分城市的人均生态足迹处于增加状态，生态赤字也在不断增加，但是上海、杭州、绍兴、湖州、嘉兴等 5 个城市的人均生态赤字均有所下降，其中绍兴的赤字下降最大，杭州和湖州的下降也非常明显。城市人均生态足迹的减少主要是因为人均化石能源足迹的减少。

三、代表性成果

[1] 杜培军，谭琨，薛朝辉，等 . 城市环境遥感关键技术与应用 . 江苏省科学技术奖三等奖，2019 年 3 月 .

[2] 杜培军，冯莉，苏红军，等 . 多尺度遥感信息协同处理与城市人居环境评价 . 江苏省测绘地理信息科学技术进步奖一等奖，2018 年 12 月 .

[3] 杜培军，夏俊士，苏红军，等 . 遥感多分类器集成方法与应用 [M]. 北京：科学出版社，2019.

[4] 杜培军，谭琨，夏俊士，等 . 城市环境遥感方法与实践 [M]. 北京：科学出版社，2013.

[5] DU P J，WANG X，CHEN D M，et al. An improved change detection approach using tri-temporal logic-verified change vector analysis[J].ISPRS Journal of photogrammetry and remote sensing，2020（161）：278–293.

[6] DU P J，BAI X Y，TAN K，et al. Advances of four machine learning methods for spatial data handling：A review[J].Journal of g eovisualization and spatial analysis，2020（4）：13.

[7] DU P J，CHEN J K，BAI X Y，et al. Understanding the seasonal variations of land surface temperature in Nanjing urban area based on local climate zone[J]. Urban climate，2020（33）：100657.

[8] DU P J，LI E Z，XIA J S，et al. Feature and model level fusion of pretrained CNN for remote sensing scene classification[J]. IEEE journal of selected topics in applied earth observations and remote sensing，2019，12（8）：2600-2611.

[9] 杜培军，白旭宇，罗洁琼，等 . 城市遥感研究进展 [J]. 南京信息工程大学学报（自然科学版），2018，10（1）：16-29.

[10]　DU P J，GAN L，XIA J S ，et al. Multikernel Adaptive collaborative representation for hyperspectral image classification[J]. IEEE transactions on geoscience and remote sensing，2018，56（8）：4664-4677.

[11]　杜培军. 城市遥感的研究动态与发展趋势 [J]. 地理与地理信息科学，2018，34（3）：1-4.

海洋和海岸带领域

北极海冰卫星遥感研究

（Dragon3-10501；Dragon4-32292；Dragon5-57889）

一、总体介绍

（一）合作目标

在过去的 40 年中，北极海冰面积不断减少，且速度远超预期。海冰的急剧变化对于北极和亚北极区的气候、环境和生态系统的影响显著。卫星遥感能够实现连续近全北极的海冰常年监测。然而，单一卫星传感器的海冰参数反演能力有限，为了提高海冰参数的反演精度、增强极地海冰信息的获取能力，由中欧双方组成的海冰研究组将利用欧洲卫星、中国卫星和第三方卫星等，合成孔径雷达（SAR）、光学及红外、雷达高度计和辐射计等多源卫星数据，升级和发展现有的海冰参数定量反演方法，研究包括海冰面积、厚度、漂移和密集度等参数的海冰参数探测算法。

（二）研究队伍（图 1）

欧方：

Alfred Wegener Institute Helmholtz Center for Polar and Marine Research（AWI），Germany; and University in Tromsø（UiT），Norway: Wolfgang Dierking.

Finnish Meteorological Institute（FMI）: Juha Karvonen and Marko Mäkynen.

Danish Meteorological Institute（DMI）: Rasmus Tonboe.

中方：

自然资源部第一海洋研究所：张晰、孟俊敏。

国家卫星海洋应用中心：石立坚、曾涛、冯倩。

航天五院遥感总体部：刘杰、袁智。

山东科技大学：王瑞富。

青岛大学：刘眉洁。

图1　"龙计划"会议参会人员合影

（三）重要创新成果概述

在连续四期的"龙计划"项目支持下，海冰研究组围绕海冰 SAR 及光学遥感分类、海冰厚度 SAR 反演、海冰厚度高度计探测、SAR 及静止轨道光学海冰漂移探测，构建了系列的算法和模型，有效地提高了中国渤海和北极海冰的探测能力。重要创新成果有：①海冰电磁散射模型与 SAR 海冰反演模型，该模型能够实现一年平整冰的厚度反演。②在高度计海冰厚度反演方面，发展了适用于 CryoSat-2 和 Sentinel-3 的海冰重跟踪方法，有效地改善了海冰干舷的反演精度，提高了海冰厚度反演精度。

中欧遥感科技合作
"龙计划"文集

二、亮点成果

（一）海冰 SAR 电磁散射机理

海冰结构复杂，SAR 接收的海冰雷达回波是表面散射、二次散射和体散射的混合。若能从总回波信号中分离出表面散射、二次散射和体散射，就能够提高SAR 雷达信号对海冰的解析能力，增强海冰分类和厚度反演的性能（图 2）。

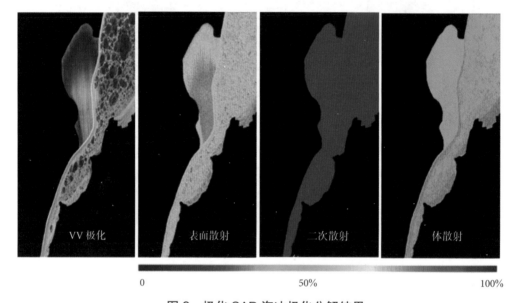

图 2　极化 SAR 海冰极化分解结果

研究团队建立了海冰电磁散射模型，建立了一种从极化 SAR 精确提取海冰单次散射、二次散射和体散射的方法。该模型能够定量描述电磁波穿透深度和海冰内部卤水胞体积分量对海冰体散射的贡献，同时指出电磁波穿透深度和卤水胞体积分量的乘积（Nh）可作为识别海冰类型和反演海冰厚度的有效参数（图 3）。

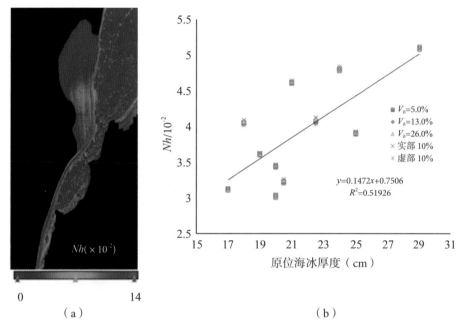

图3　海冰盐度和微波穿透深度与海冰厚度的对应关系

（二）SAR 和高度计海冰厚度反演方法

冰厚一直是最重要，也是最难测量的海冰参数。针对这一国际难题，分别发展了基于多源高度计的大尺度冰厚探测方法和 SAR 高分辨率冰厚反演方法。其中大尺度冰厚探测方法，不仅将冰厚反演精度提高了 6 cm，还将全北极的冰厚网格化产品的时间分辨率由 1 个月提高到半个月。高分辨率冰厚反演方法，能给出空间分辨率优于 50 m，相对误差优于 20% 的冰厚分布（图4、图5）。

（三）基于国产自主卫星的海冰遥感监测产品研制

基于 HY-2 高度计、HY-2 辐射计、中法海洋星等国产自主卫星，研发了具有自主知识产权的海冰类型、海冰密集度、海冰厚度、海冰漂移等长时间序列遥感产品。

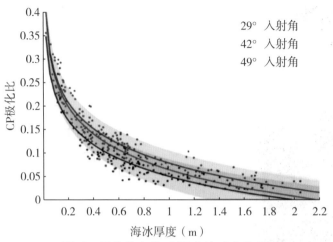

图4 极化比与海冰厚度的对应关系

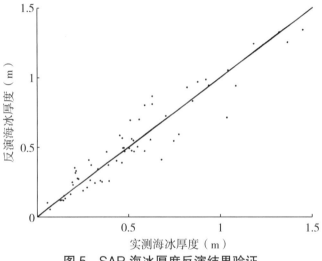

图5 SAR海冰厚度反演结果验证

三、代表性成果

[1] ZHANG X, DIERKING W, ZHANG J, et al. Retrieval of the thickness of undeformed sea ice from simulated C-band compact polarimetric SAR images[J]. The cryosphere, 2016, 10（4）: 1529-1545.

[2] ZHANG X, DIERKING W, ZHANG J, et al. A polarimetric decomposition

method for ice in the Bohai Sea using C-Band PolSAR data[J]. IEEE journal of selected topics in applied earth observations and remote sensing，2015，8（1）：47-66.

[3]　ZHANG X，ZHANG J，LIU M J，et al. Assessment of C-band compact polarimetry SAR for sea ice classification[J]. Acta oceanologica sinica，2016，35（5）：79-88.

[4]　ZHANG X，ZHANG J，MENG J M，et al. Analysis of multi-dimensional SAR for determining the thickness of thin sea ice in theBohai Sea[J]. Journal of oceanology and limnology，2013，31（3）：681-698.

[5]　ZHANG X，ZHU Y X，ZHANG J，et al. An Algorithm for sea ice drift retrieval based on trend of ice drift constraints from Sentinel-1 SAR data[J]. Journal of coastal research，2020（102）：113-126.

[6]　SHEN X Y，SIMILÄ M，DIERKING W，et al. A new retracking algorithm for retrieving sea ice freeboard from CryoSat-2 radar altimeter data during winter–spring transition[J]. Remote sens，2019（11）：1194.

[7]　SHEN X Y，ZHANG J，MENG J M，et al. SeaIce classification using cryosat-2 altimeter data by optimalclassifier–feature assembly[J]. IEEE geoscience and remote sensing letters，2017，14（11）：1948-1952.

[8]　LIU W S，SHENG H，ZHANG X. Sea ice thickness estimation inthe Bohai Sea using geostationary ocean color imager data[J]. Acta oceanologica sinica，2016，35（7）：105-112.

[9]　张晰（第五完成人）/ 自然资源部第一海洋研究所（第二完成人）；2017年；"基于多源遥感手段的北海区海洋灾害业务化应急监测系统研制与应用"；海洋科学技术一等奖；颁奖单位：国家海洋局、中国海洋学会、中国太平洋学会、中国海洋湖沼学会 .

河口海岸浑浊水体水环境遥感研究

（Dragon2-5351；Dragon3-10555；Dragon4-31451）

一、总体介绍

（一）合作目标

校准对地观测在浑浊海岸水体的海洋水色产品。分析高悬沙浓度为优势的河口沉积羽流的动态变化，以及人类活动和全球气候变化影响下的响应。卫星反演算法的改进及未来观测任务的建议。扩展交叉研究领域及对地观测数据在国际海岸观测计划中的应用。

（二）研究队伍（图1）

中方：华东师范大学河口海岸学重点实验室（SKLEC，ECNU）。
欧方：荷兰屯特大学ITC水资源系（ITC，UT）、法国海洋光学与遥感实验室（LOV）。

（a）　　　　　　　（b）　　　　　　　（c）

（d）

（e）

图1 项目研究团队

（三）重要创新成果概述

国际上浑浊海域水色遥感研究有限。目前业务化运行的有关水色的卫星产品均无法直接应用到我国大部分河口近岸水域。随着人类活动与气候变化的加剧，河口承受着来自流域、海洋环境变化和人类等多重压力，使河口沿线地区的可持续发展面临着前所未有的挑战。"龙计划"合作项目河口海岸浑浊水体水环境遥感研究重点围绕浑浊河口近岸海域开展研究，产生了创新性成果：①研发了高浊度水体悬浮泥沙浓度（SSC）估算的遥感反演模型 SERT，提出了基于光谱波段滑动的 SSC 反演机制，解决了卫星产品 SSC 被低估 1 ～ 2 个数量级的问题；②研发了基于光谱优化算法的大气校正模型 ESOA，解决了浑浊水体暗像元假设失效且气溶胶存在强吸收特性的瓶颈；③创新性地提出了叶绿素综合指数 SCI，研发了浑浊富沙水体最大抑制悬沙干扰的叶绿素 a 浓度遥感反演方法，解决了浑浊富沙水域卫星叶绿素 a 浓度产品被高估的问题。

二、亮点成果

（一）高浊度河口悬浮泥沙浓度遥感定量估算

我国世界级大河河口为高浊度浑浊水体，其悬浮泥沙浓度（SSC）高值大于 1 g/L，而口外海域 SSC 低于 10 mg/L，SSC 在卫星景内存在 2 ～ 3 个数量级之差，其遥感定量反演是世界性难题。卫星 SSC 产品存在低估或估计无效问题，如图 2（a）所示。

（1）研究方法：研究发现常用的海洋光学模型不适用于高浊度浑浊水体，提出采用基于 Kubelka-Munk 双流近似辐射传输模型，进而发展半经验的 *SSC* 遥感反演方法 SERT（Shen et al，2010）：

$$SSC = f_{\text{inverse}}(R_{rs}) = \frac{(2\alpha/\beta)R_{rs}}{(\alpha - R_{rs}^2)},\qquad（1）$$

式中，*SSC* 为悬浮泥沙浓度（g/L），R_{rs} 是大气校正后的遥感反射率（sr^{-1}）；α 和 β 为波长依赖的模型常数，可通过原位同步测量来校准与优化。α 表示 R_{rs} 的饱和水平；β 则与 *SSC* 对应的 R_{rs} 最大灵敏度有关。

　　研究发现悬浮泥沙不同的浓度水平，具有对 R_{rs} 光谱波长不同的敏感性与饱和特性，提出了基于光谱波段滑动的 *SSC* 遥感反演机制（Shen et al，2010、2013），提高了宽范围浓度变化 *SSC* 的反演精度，如图 2（b）所示，星—地同步真实性检验表明 SERT 反演精度优于其他模型。

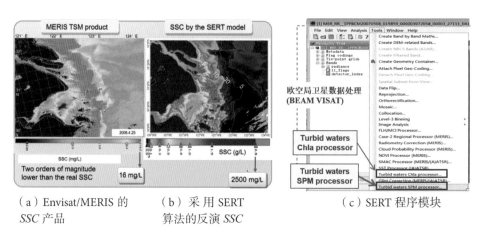

（a）Envisat/MERIS 的 *SSC* 产品　（b）采用 SERT 算法的反演 *SSC*　（c）SERT 程序模块

图 2　河口悬浮泥沙遥感反演

（2）成果描述：SERT 反演算法（Shen et al，2010）已编写为软件模块，可插入欧洲空间局 Beam 卫星处理软件中运行，如图 2（c）所示；采用 2002—2011年 Envisat/MERIS 卫星数据，通过 SERT 算法反演 *SSC*，分析了长江流域输沙锐减下，长江口悬沙含量调整的响应（Shen et al，2013）；交叉对比了 SERT 遥感反演方法应用于 Terra/Aqua/MODIS、FY-3/MERSI、GOCI、Envisat/MERIS 多星数据（Shen et al，2014），以及高分辨率 Landsat8/OLI、Sentinel-2/MSI、GF-1/

WFV 卫星数据（Shang et al，2016；Pan et al，2017、2018；Tang et al，2019）的适用性及反演 *SSC* 一致性；与国际同类反演方法对比，并应用于全球典型浑浊水域的 *SSC* 反演，结果证实了 SERT 算法的优势和稳健性（Luo et al，2019；Yu et al，2019）。成果在本领域 *Remote Sensing of Environment*，*Optics Express*，*Estuaries & Coasts*，*Journal of Geophysical Research-Oceans*，*Remote Sensing*，*International Journal of Remote Sensing*，*Continental Shelf Research* 等高水平期刊上发表 10 余篇论文。

（二）河口海岸大气校正及 HAZE（阴霾）影响消除

（1）研究方法：河口海岸水体的浑浊特性，使暗像元假设失效且近海气溶胶存在强吸收特性，故传统的两步法即先基于暗像元假设估算气溶胶类型和AOT 完成大气校正的方法面临挑战。针对这一难点，研发了一种基于海—气耦合模型光谱优化算法的大气校正方法（ESOA），其中气溶胶模型采用了基于AERONET 观测数据建立的气溶胶模型，较真实地反映了海岸带地区气溶胶情况；ESOA 耦合了适用于高浑浊水体的 SERT 模型；ESOA 采用全局寻优且不依赖于参数初始值的遗传算法来替代传统的局部优化方法。星—地同步真实性检验表明，ESOA 大气校正结果优于 GOCI 官方产品，也优于 MERIS 二类水体的大气校正结果。该方法不仅解决了大气校正算法在浑浊海岸带失效的问题，而且大幅提高了浑浊水体水色参数的反演精度，并适用于不同分辨率、不同传感器的卫星数据反演（图 3）。成果（Pan et al，2017）发表在遥感领域顶尖期刊 *Remote Sensing of Environment* 上。

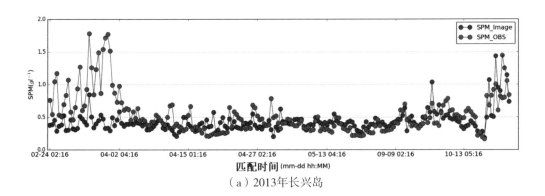

（a）2013年长兴岛

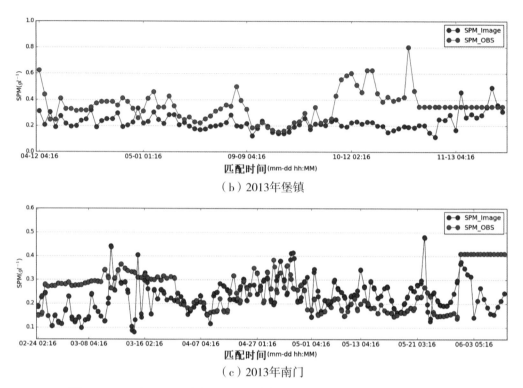

（b）2013年堡镇

（c）2013年南门

图 3　2013 年 GOCI 数据 ESOA 大气校正及反演的 *SSC*（蓝点）和
长兴岛测站 OBS 同步实测的 *SSC*（红点）

（2）成果描述：研究发现，半透明的气溶胶颗粒在海洋水色卫星影像上非均匀空间分布可导致悬浮泥沙浓度的高估或误判。研究采用像元级的基于辐射传输模型的混合光谱分解（MDP）方法，首先抑制卫星影像 TOA radiance 阶段上的非均匀分布的气溶胶颗粒，消除不均匀空间分布的影响，之后再进行常规的大气校正处理。处理后的影像，经过大气校正后转换至离水辐射反射率，然后再利用 SERT 模型反演悬浮泥沙浓度。结果显示：图 4（a）为未经过阴霾消除处理的悬沙浓度反演结果，显然图中红圈位置指示该水域的悬沙浓度出现误判，而长江口南支、苏北浅滩、太湖和鄱湖均出现被高估的情况；图 4（b）是经过 MDP 方法抑制 HAZE 后再对悬沙浓度进行反演的结果，通过验证表明该方法可较大地消除阴霾的非均匀变化并提高悬沙反演精度。成果（Shen et al，2010）发表在 *Optics Express* 上。

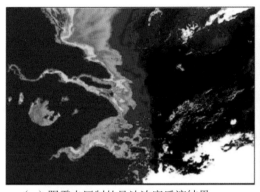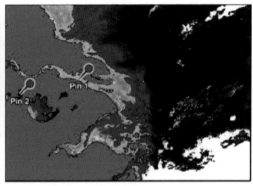

（a）阴霾未压制的悬沙浓度反演结果　　　　（b）阴霾压制后的悬沙浓度反演结果

图4　阴霾未压制和压制后的悬沙浓度反演结果比较

（三）近岸海域浑浊富沙水体叶绿素 a 浓度的遥感定量估算

（1）研究方法：近岸海域浑浊富沙水体，由于悬沙颗粒物高散射的影响，使以吸收特性为主要特征的浮游植物色素浓度的遥感反演受到干扰，叶绿素 a 浓度遥感估算是一项极富挑战性的研究。研究提出了最大消除悬沙干扰的叶绿素综合指数 SCI（Synthetic Chlorophyll Index）模型，如图 5（a）所示。该模型综合考虑了浑浊富沙水体中叶绿素 a 的最大和最小吸收特性及悬沙颗粒的散射特性，设计了从绿→红 4 个波段的遥感光谱数据综合提取叶绿素信息，最大限度地抑制了来自浑浊水中悬沙颗粒物的影响。

（2）成果描述：SCI 模型综合考虑了悬沙浓度的变化对 R_{rs} 的敏感性响应，研究显示在叶绿素 a 最小吸收的 550～650 nm 波段范围内，R_{rs} 对 $SSC<80$ mg/L 探测的敏感性较高。结果证实，悬沙干扰明显抑制，精度比其他模型更高，反演的叶绿素 a 浓度高值区的空间分布格局与现场调查结果有很好的吻合。成果发表在 *International Journal of Remote Sensing* 上。

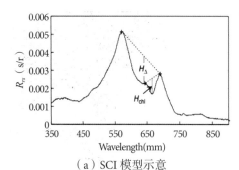

The concept model:

$$SCI = H_{chl} - H_{\Delta}$$

$$H_{chl} = \left[R_{rs}(\lambda_1) + \frac{\lambda_4 - \lambda_3}{\lambda_4 - \lambda_2}(R_{rs}(\lambda_2) - R_{rs}(\lambda_1)) \right] - R_{rs}(\lambda_3)$$

$$H_{\Delta} = R_{rs}(\lambda_2) - \left[R_{rs}(\lambda_1) + \frac{\lambda_4 - \lambda_2}{\lambda_4 - \lambda_1}(R_{rs}(\lambda_1) - R_{rs}(\lambda_4)) \right]$$

λ_1, λ_2, λ_3 and λ_4 are given by the MERIS bands 560620665 and 681 nm .

（a）SCI 模型示意   （b）算法表达

图 5　SCI 模型示意及算法表达

三、代表性成果

[1]　SHEN F，VERHOEF W，ZHOU Y X，et al. Satellite estimates of wide-range suspended sediment concentrations in Changjiang（Yangtze）estuary using MERIS data[J].Estuaries and Coasts，2010，33（66）：1420-1429.

[2]　SHEN F，VERHOEF W. Suppression of local haze variations in MERIS images over turbid coastal waters for retrieval of suspended sediment concentration[J].Optics express，2010，18（12）：12653-12662.

[3]　SHEN F，ZHOU Y X，LI J F，et al. Remotely sensed variability of the suspended sediment concentration and its response to decreased river discharge in the Yangtze estuary and adjacent coast[J]. Continental shelf research，2013（69）：52–61.

[4]　SHEN F，ZHOU Y X，PENG X Y，et al. Satellite multi-sensor mapping of suspended particulate matter in turbid estuarine and coastal ocean[J]. China，international journal of remote sensing，2014（35）：11-12，4173-4192.

[5]　SHEN F，ZHOU Y X，LI D J，et al. MERIS estimation of chlorophyll-a concentration in the turbid sediment-laden waters of the Changjiang（Yangtze）Estuary[J]. International journal of remote sensing，2010，31（17）：4635–4650.

[6]　PAN Y Q，SHEN F，VERHOEF W . An improved spectral optimization algorithm for atmospheric correction over turbid coastal waters：A case study from the Changjiang（Yangtze）estuary and the adjacent coast[J]. Remote sensing of environment. 2017（191）：197-214.

[7]　TANG R G，SHEN F，PAN Y Q，et al. Multi-source high-resolution satellite

products in Yangtze Estuary: Cross-comparisons and impacts of signal-to-noise ratio and spatial resolution[J]. Optics express, 2019, 27（5）: 6426-6440.

[8] YU X L, LEE Z P, SHEN F, et al. An empirical algorithm to seamlessly retrieve the concentration of suspended particulate matter from water color across ocean to turbid river mouths[J]. Remote sensing of environment, 2019, 235（15）: 111491.

[9] YU X L, SALAM S, SHEN F, et al. Retrieval of the diffuse attenuation coefficient from GOCI images using the 2 SeaColor model: A case study in the Yangtze Estuary[J]. Remote sensing of environment, 2016（175）: 109-119.

[10] LUO Y F, DOXARAN D, RUDDICK K, et al. Saturation of water reflectance in extremely turbid media based on field measurements, satellite data and bio-optical modelling[J].Optics express, 2018, 26（8）: 10435-10451.

[11] SHEN F, SALAMA M S, ZHOU Y X, et al. Remote-sensing reflectance characteristics of highly turbid estuarine waters: A comparative experiment of the Yangtze River and the Yellow River[J]. International journal of remote sensing, 2010, 31（10）: 2639-2654.

[12] SALAMA M S, SHEN F. Stochastic inversion of ocean color data using the cross-entropy method[J].Optics express, 2010, 18（2）: 479-499.

[13] SALAMA M S, SHEN F. Simultaneous atmospheric correction and quantification of suspended particulate matters from orbital and geostationary earth observation sensors. Estuarine[J].Coastal and shelf science, 2010（86）: 499-511.

卫星高度计数据的验证分析与海洋应用

（Dragon3-10466；Dragon4-32292_2）

一、总体介绍

（一）合作目标

基于我国 HY-2 卫星与欧洲空间局 Sentinel-3 卫星的高度计数据，结合 Jason-2/3 等高度计数据，开展 HY-2、Sentinel-3 高度计测高数据的验证与评估，并在中国近海及太平洋与印度洋等区域开展卫星高度计数据在海浪、大洋环流和中尺度涡探测中的应用等研究。

（二）研究队伍（图 1）

图 1　项目研究团队合影

欧方：Bernat Martinez，Pablo Garcia，Munoz Maite，Makhoul Eduard，西班牙 isardSAT。

中方：杨俊钢、范陈清、崔伟、赵新华、韩伟孝（自然资源部第一海洋研究所），贾永君（国家卫星海洋应用中心）。

（三）重要创新成果概述

该项目主要基于国产 HY-2 卫星高度计和欧洲空间局 Sentinel-3 卫星高度计数据，结合 Jason-2/3 卫星高度计数据，开展了 HY-2 和 Sentinel-3 卫星高度计测高及其校正数据的质量分析，验证了其中尺度涡探测能力。基于 HY-2 和 Sentinel-3 等高度计数据，改进和发展了卫星高度计海洋中尺度涡探测方法及涡旋融合与分裂过程识别方法，利用长时间序列数据分析了太平洋和印度洋中尺度涡的分布特征与变化规律，分析了黑潮主轴和主流分布与时间特征。

二、亮点成果

（一）基于高度计数据东印度洋和西北太平洋中尺度涡探测

（1）研究方法：使用多源高度计卫星高度计数据，基于 Winding-Angle 涡旋识别方法对东印度洋和西北太平洋的中尺度涡进行了长时间的序列识别追踪，统计了中尺度涡的空间分布特征、运动规律及季节变化特征。

（2）成果描述：该研究成果揭示了西北太平洋中尺度涡主要分布在黑潮及其延伸区和副热带逆流区，涡旋大部分向西移动且遍布整个区域，东向移动涡旋主要集中在黑潮及其延伸区（图 2）；东印度洋中尺度涡主要分布在孟加拉湾内，尤其是在其西部海域，表明伴随着季节性孟加拉湾西边界流的变化，该区域产生较多涡旋；孟加拉湾受明显的季风影响，其整个环流系统表现为季风环流特征，中尺度涡活动也具有明显的季节性变化（图 3）。

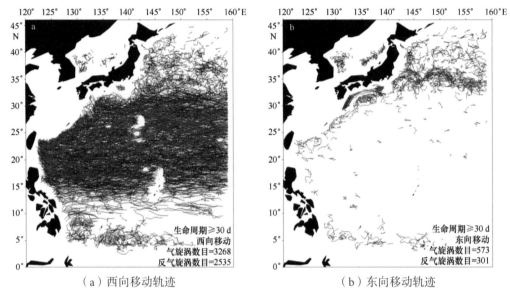

（a）西向移动轨迹 （b）东向移动轨迹

图 2 西北太平洋生命周期超过 30 天的中尺度涡移动轨迹

（注：红色为暖涡，蓝色为冷涡）

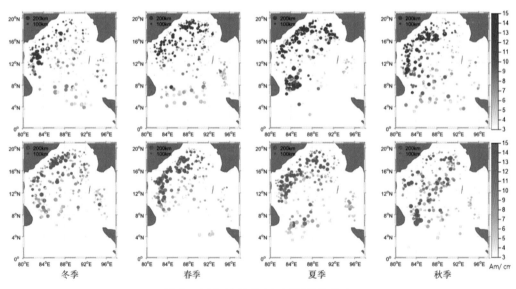

图 3 孟加拉湾中尺度涡季节分布

（注：蓝色为冷涡，红色为暖涡，色标表示涡旋振幅，圆大小表示涡旋尺度）

（二）Sentinel-3 高度计中尺度涡探测能力分析

（1）研究方法：基于 Sentinel-3 卫星高度计数据，结合 Jason-2/3 高度计数据，选取包括黑潮的西北太平洋为研究区域，通过不同的多源卫星高度计数据组合，基于时空客观分析方法融合生成海面高度异常网格数据，与 Jason-2/3 沿轨数据和 AVISO 的海面高度异常融合数据进行比较。

（2）成果描述：该研究分析了 Sentinel-3 卫星高度计数据单独的中尺度涡探测能力，以及 Sentinel-3 与 Jason-2/3 相结合后的中尺度涡探测能力，结果表明 Sentinel-3 卫星高度计相对于 Jason-2/3 因卫星轨道更密的轨道分布，其中尺度涡探测能力优于 Jason-2/3。Sentinel-3 卫星高度计与 Jason-2/3 卫星高度计的融合数据，具有更好的中尺度涡探测能力（图 4、图 5）。

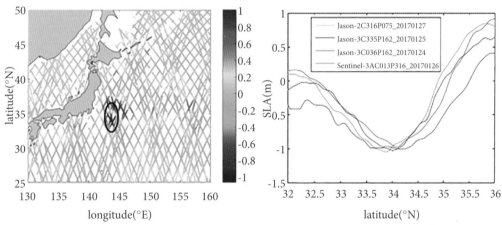

图 4　中尺度涡区域（黑圈）Sentinel-3 卫星高度计与 Jason-2/3 卫星高度计的沿轨海面高度异常比较

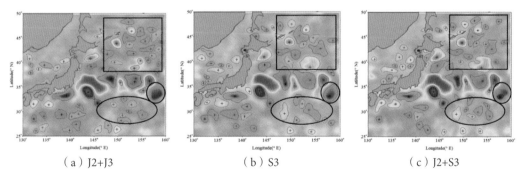

（a）J2+J3　　　　（b）S3　　　　（c）J2+S3

图 5　Sentinel-3 卫星高度计单独及其与 Jason-2/3 卫星高度计融合数据的中尺度涡探测结果比较

三、代表性成果

[1]　赵新华，杨俊钢，崔伟 . 基于 20 a 卫星高度计数据的黑潮变异特征 [J].
海洋科学，2016，40（1）：132-137.

[2]　崔伟，王伟，马毅，等 . 基于 1993—2014 年高度计数据的西北太平洋中
尺度涡识别和特征分析 [J].海洋学报，2017，39（2）：16-28.

[3]　CUI W，YANG J G，MA Y . A statistical analysis of mesoscale eddies in the
Bay of Bengal from 22–year altimetry data[J]. Acta oceanologica sinica，2016，35（11）：
16-27.（SCI）

[4]　CUI W，WANG W，ZHANG J，et al. Improvement of sea surface height
measurements of HY-2 A satellite altimeter using Jason-2[J]. Marine geodesy，
2018，41（6）：632-648.（SCI）

[5]　CUI W，WANG W，ZHANG J，et al. Identification and census statistics of
multicore eddies based on sea surface height data in global oceans[J]. Acta oceanologica
sinica，2020，39（1）：41-51.（SCI）

海洋与海岸带环境安全与可持续发展的空间观测研究

（Dragon3−10580；Dragon4−32281）

一、总体介绍

（一）合作目标

中国和欧洲都拥有较长的海岸带和广阔的海洋面积。海洋、海岸带的环境安全与可持续发展是双方共同关注的科学研究和社会经济发展问题。卫星遥感观测以全面、准确、动态的综合优势，在海洋与海岸带环境保护和可持续发展中发挥着不可替代的作用。在"龙计划"三期和四期项目支持下，中欧双方研究团队开展了卫星遥感海洋环境参数反演、海岸带藻类监测、溢油污染监测和海冰检测等方面的合作研究，取得了重要的系列创新成果。

（二）研究队伍

本项目团队主要包括中国科学院空天信息创新研究院（原中国科学院遥感与数字地球研究所）李晓明研究员团队、中国海洋大学贺明霞教授团队、德国宇航中心（DLR）海洋环境安全实验室的 S. Lehner 和 S. Jacobsen 团队，以及希腊爱琴大学 T. Konstantinos 教授、中国科学院海岸带研究所过杰研究员、中国科学院大学李海艳副教授等（图1）。

中欧遥感科技合作
"龙计划" 文集

图 1　项目研究团队合影

（三）重要创新成果概述

建立了 X 波段星载 SAR 海面风场反演非线性地球物理模式函数（XMOD2），业务化应用于 TerraSAR-X/TanDEM-X、Cosmo-SkyMed 等 X 波段 SAR；研制了 ENVISAT/ASAR 波模式数据年代际尺度全球海浪遥感产品；系统分析了中国高分 3 号 SAR 海洋和海岸带定量观测能力；建立了极化 SAR 海冰分类和海冰覆盖反演方法；结合卫星遥感和数值模拟，实现了海洋藻华和溢油探测及追踪。

二、亮点成果

（一）建立了 X 波段星载 SAR 海面风场反演非线性地球物理模式函数

（1）研究方法：X 波段星载 SAR，包括 TerraSAR-X、TanDEM-X 和 COSMO-SkyMed 等自 2007 年实现业务化运行，空间分辨率最高达到米级，在国际上引起了高度关注，被称为新一代星载 SAR 的代表。由于国际上首次业务化运行 X 波段星载 SAR，定量反演其海面风场的方法和技术属于国际空白。

提出了理论模型和数据驱动融合的方法，突破了小样本数据量建立星载 SAR 海面风场反演非线性地球物理模式函数（Geophysical Model Function，GMF）的关键技术，创建了 X 波段星载 SAR 海面风场非线性反演模式，成功应用于 TerraSAR-X、TanDEM-X、COSMO-SkyMed 和 KOMPSAT-5 等多颗 X 波段星载 SAR 卫星，被德国宇航局（DLR）和意大利宇航局（ASI）业务化服务所采用，广泛应用于海面风场动力过程、海浪参数反演、海表流场反演、海面溢油探测、海面船只和尾迹检测、海面散射模拟等 SAR 海洋学多领域研究。

（2）成果描述：与海洋浮标实测海面风速比较，结果显示利用该模型反演海面风速的绝对误差为 0.3 m/s，均方根误差小于 1.5 m/s。

（二）建立了星载 SAR 海浪反演参数化模型，研制并发布了首套星载 SAR 海浪参数年代际尺度数据集

（1）研究方法：合作团队提出了利用星载 SAR 雷达后向散射直接反演海浪特征参数的方法，突破了对于先验谱的依赖，建立了参数化反演模型，实现了 SAR 独立、准确反演海浪特征参数，反演结果经海洋浮标实测印证（绝对误差 0.06 m），不仅适用于中低海况，亦适用于高海况（图 2）。K. Hasselmann 教授对该参数化反演模型给出了肯定性评价——"他们对于复杂的 SAR 海浪反演算法（指依赖于先验谱的反演算法）是一种宝贵的补充，可以为有价值的探索性研究提供有效的工具"。该算法为星载 SAR 海浪遥感业务化应用奠定了坚实的基础。法国海洋开发研究院将该算法移植于 Sentinel-1 SAR 数据，国内学者将该算法扩展至高分 3 号 SAR 数据。

（2）成果描述：基于 ENVISAT/ASAR 全生命周期（2002—2012 年）的 640 余万景波模式数据，利用上述参数化模型，研制了首套星载 SAR 全球海浪有效波高、平均波周期参数的年代际尺度数据产品。该数据集被中国科学院地球大数据科学工程共享服务平台、法国海洋数据中心共享服务平台收录并向全球公开发布，2020 年 1 月上线，截至 2021 年 2 月全球下载量达 1011 次。该研究成果被"龙计划"项目网站首页宣传报道。

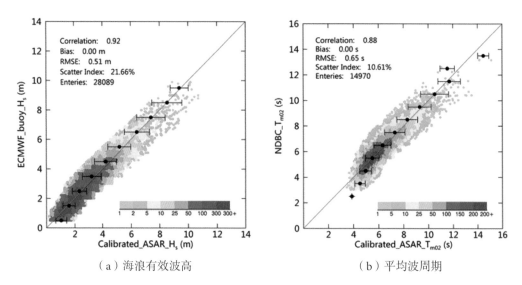

（a）海浪有效波高 　　　　　　　　（b）平均波周期

图 2　利用 CWAVE_ENV 模型反演得到的 ASAR 波模式数据（2002—2012 年）

海浪有效波高和平均波周期与浮标测量结果的对比验证

三、代表性成果

[1]　LI X M，LEHNER S，BRUNS T. Ocean wave integral parameter measurements using envisat ASAR wave mode data[J]. IEEE transactions on geoscience and remote sensing，2011，49（1）：155-174.

[2]　LI X M，LEHNER S.Algorithm for sea surface wind retrieval from TerraSAR-X and TanDEM-X data[J]. IEEE transactions on geoscience and remote sensing，2014，52（5）：2928-2939.

[3]　KUZMIC，MILIVOJ，GRISOGONO，et al. Examining deep and shallow Adriatic bora events[J]. Quarterly journal of the royal meteorological society，2015（141）：3434-3438.

[4]　LI X M.A new insight from space into swell propagation and crossing in the global oceans[J]. Geophysical research letters，2016（43）：5202-5209.

[5]　LI X M，JIA T，VELOTTO D. Spatial and temporal variations of oil spills in the North Sea observed by the satellite constellation of TerraSAR-X and TanDEM-X[J]. IEEE journal of selected topics in applied earth observations and remote sensing，2016，9（11）：4941-4947.

[6]　LI X M，ZHANG T Y，HUANG B Q，et al.　Capabilities of Chinese Gaofen-3 synthetic aperture radar in selected topics for coastal and ocean observations[J]. Remote sensing，2018，10（12）：1929.

[7]　LI X M，HUANG B Q . A global sea state dataset from spaceborne synthetic aperture radar wave mode data[J]. Scientific data，2020（261）：1-12.

综合多源遥感的海冰多要素探测

（Dragon2-5290；Dragon3-10501；Dragon4-32292；Dragon5-57889）

一、总体介绍

（一）合作目标

海冰严重影响海上航运、油气勘探及海上生产，在我国渤海地区海冰已造成多次石油平台倒塌、养殖业受损等严重危害。同时，随着全球变暖，海冰消融不仅对全球气候有着显著影响，还会使"北极航道"提前贯通成为可能，从而进一步影响未来全球经济格局。

中欧双方组成的海冰研究组着力利用 SAR、光学及红外、雷达高度计和辐射计等多源卫星数据，升级和发展现有海冰参数的定量反演方法，以提高海冰参数的反演精度。

（二）研究队伍

Alfred Wegener Institute Helmholtz Center for Polar and Marine Research：Wolfgang Dierking.

Finnish Meteorological Institute：Marko Mäkynen and Juha Karvonen.

Danish Meteorological Institute：Rasmus Tonboe.

自然资源部第一海洋研究所：张晰、孟俊敏。

国家卫星海洋应用中心：石立坚、曾涛、冯倩。

航天五院遥感总体部：刘杰、袁智。

山东科技大学：王瑞富。

青岛大学：刘眉洁。

（三）重要创新成果概述

在连续四期的"龙计划"项目支持下，中欧双方课题组围绕海冰 SAR 及光学遥感分类、海冰厚度 SAR 反演、海冰厚度高度计探测、SAR 及静止轨道光学海冰漂移探测，发展了一系列的算法和模型，有效地提高了中国渤海和北极海冰的探测能力。重要创新成果有：①在海冰类型制图方面，发展了基于 SAR 数据的渤海海冰自动分类方法，以及基于合成孔径高度计的北极海冰类型制图方法。②在 SAR 海冰厚度反演方面，建立了海冰电磁散射模型与 SAR 海冰厚度反演模型，该模型能够实现一年平整冰的厚度反演。③在高度计海冰厚度反演方面，发展了适用于 CryoSat-2 和 Sentinel-3 的海冰重跟踪方法，有效地改善了海冰干舷的反演精度，提高了海冰厚度反演精度和时间分辨率。

二、亮点成果

（一）海冰类型遥感制图

针对渤海冬季海冰灾害的监测需求，综合 GF-3 和 Sentinel-1 等 SAR 数据，发展 SAR 海冰分类方法，实现了渤海海冰 SAR 自动分类，为渤海海冰灾害预报提供了初始场，有效地提高了我国渤海海冰灾害的预报精度。

全球海冰类型分布图是极区航行的重要基础数据。但传统高度计数据分辨率低（约 25 km），SAR 和光学遥感数据无法在短时间内覆盖全球海冰区域。CryoSat-2、Sentinel-3 等新型合成孔径雷达高度计，空间分辨率较之前有了极大提高（沿轨分辨率为 300 m、交轨分辨率约为 1 km）。项目组利用合成孔径雷达高度计的优势，结合深度学习方法，提出了基于合成孔径雷达高度计的海冰分类技术，实现了全北极的海冰类型制图。该成果入选 *IEEE Geoscience and Remote Sensing Letters* 当期的封面论文。

（二）SAR 海冰厚度反演

海冰厚度是评估海冰变化的重要指标，但当前海冰内部结构复杂，电磁波在海冰内部的散射机制尚不明确，厚度的定量反演还存在较大误差，这一直是国际研究的热点与难点。在重点区域高分辨率海冰厚度反演方面，项目组开展了多次海冰微波观测实验（图 1），定量分析了雷达后向散射、电磁波穿透深度与海冰

盐度、海冰厚度的定量关系，提出了一种新的极化比模型 CP-Ratio，该模型能够从 SAR 数据中敏锐地感知海冰盐度的变化，从而指示出海冰厚度变化，实现了重点区域高分辨率的 SAR 海冰厚度反演（图 2）。该成果在 *The Cryosphere*、*IEEE JSTARS* 等期刊在线发表。

（a）

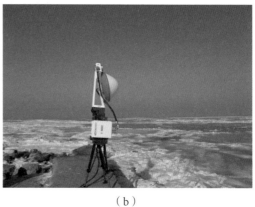

（b）

图 1　海冰微波观测实验

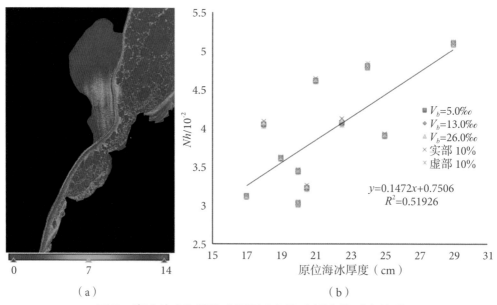

（a）　　　　　　　　　　　　　　　　　　（b）

图 2　海冰盐度和微波穿透深度与海冰厚度的对应关系

（三）高度计海冰厚度反演

高度计是获取全球范围内海冰厚度的唯一有效手段。当前利用单星高度计只能以月为单位生产 25 km 标准网格的海冰厚度产品，时间分辨率远远不够。基于此，针对合成孔径雷达高度计的特点，发展了适用于合成孔径雷达高度计的海冰 / 海水波形重跟踪技术，实现了海冰与海水的高程精确估算及海冰干舷高度的精确反演；在此基础上，进一步融合 CryoSat-2、Sentinel-3、HY-2 等多源高度计，发展了海冰厚度融合探测产品，在提高海冰厚度反演精度的同时，将海冰厚度产品的时间分辨率由 1 个月提高到 10 天。

三、代表性成果

[1] 张晰（第五），2017 年，基于多源遥感手段的北海区海洋灾害业务化应急监测系统研制与应用，海洋科学技术奖一等奖.

[2] ZHANG X，DIERKING W，ZHANG J，et al. Retrieval of the thickness of undeformed sea ice from simulated C-band compact polarimetric SAR images[J]. The cryosphere，2016，10（4）：1529-1545.

[3] ZHANG X，DIERKING W，ZHANG J，et al. A polarimetric decomposition method for ice in the Bohai Sea using C-Band PolSAR data[J]. IEEE journal of selected topics in applied earth observations and remote sensing，2015，8（1）：47-66.

[4] ZHANG X，ZHANG J，LIU M J，et al. Assessment of C-band compact polarimetry SAR for sea ice classification[J]. Acta oceanologica sinica，2016，35（5）：79-88.

[5] ZHANG X，ZHANG J，MENG J M，et al.Analysis of multi-dimensional SAR for determining the thickness of thin sea ice in the Bohai Sea[J]. Journal of oceanology and limnology，2013，31（3）：681-698.

[6] ZHANG X，ZHU Y X，ZHANG J，et al. An algorithm for sea ice drift retrieval based on trend of ice drift constraints from sentinel-1 SAR data[J]. Journal of coastal research，2020（102）：113-126.

[7] SHEN X Y，SIMILÄ M，DIERKING W，et al. A new retracking algorithm for retrieving sea ice freeboard from CryoSat-2 radar altimeter data during winter–spring

transition[J]. Remote sens，2019（11）：1194.

[8]　SHEN X Y，ZHANG J，MENG J M，et al. SeaIce classification using cryosat-2 altimeter data by optimalclassifier–feature assembly[J]．IEEE geoscience and remote sensing letters，2017，14（11）：1948-1952.

[9]　LIU W S，SHENG H，ZHANG X. Sea ice thickness estimation inthe Bohai Sea using geostationary ocean color imager data[J]. Acta oceanologica sinica，2016，35（7）：105-112.

冰冻圈和水文领域

包含冰川积累和消融的高海拔水文过程的观测和建模

（Dragon4-32439_2）

一、总体介绍

（一）合作目标

第三极地区具有大量冰川，其冰川消融和物质平衡对周边水资源具有重要影响。在全球变暖的背景下，大量的冰川融水可能导致水文过程改变，引发冰崩和冰湖溃决等自然灾害。基于能量平衡的冰川物质平衡模型可以有效地模拟冰川物质平衡及冰川消融，并预测其变化。本项目的主要目标是构建一个基于焓的冰川物质平衡模型，并基于此研究冰川表面消融的时空分布特征和青藏高原不同区域的冰川物质平衡特点。

（二）研究队伍

中国科学院青藏高原研究所的阳坤研究员、杨威研究员、叶庆华研究员、丁宝弘博士、杨桦博士生和赵传熙博士生（图1）。

阳坤研究员　　杨威研究员　　叶庆华研究员　　丁宝弘博士　　杨桦博士生　　赵传熙博士生

图1　项目研究团队

研究团队对青藏高原东南部的帕隆藏布 4 号冰川（非表碛覆盖型冰川）和 24 K 冰川（表碛覆盖型冰川）的表面进行了野外试验；构建了一个基于焓的分布式冰川能量和物质平衡模型（WEB-GM），该模型可应用于非表碛覆盖型冰川；模拟对比海洋性冰川和大陆性冰川的表面能量平衡，并量化升华量；模拟分析冰川表面消融的时空分布特征。

二、亮点成果

（一）基于焓的冰川物质与能量平衡模型的构建

本研究开发了基于焓的冰川物质与能量平衡模型（Water and Enthalpy Budget-based Glacier mass balance Model，WEB-GM），如图 2（a）、图 2（b）所示。该模型使用焓作为模型基本变量，相较以温度为变量的传统能量平衡模型而言，可以简化能量平衡计算，并提高模拟精度。同时，模型中发展了考虑雨夹雪和薄雪影响的新的冰川表面反照率方案；开发了在各种海拔和气候条件下均具有普适性的降水类型识别方案；并引入了适用于冰川表面的湍流参数化方案。模型应用于藏东南帕隆藏布 4 号冰川的结果表明：模型可以较好地模拟出冰川物质平衡、表面反照率、表面温度、感热通量和潜热通量等，比传统的冰川能量平衡模型具有明显优势，如图 2（c）所示。

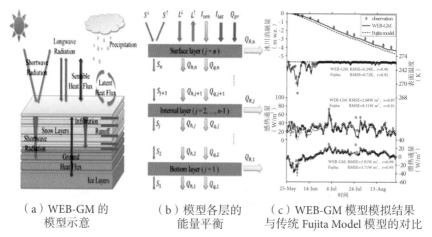

（a）WEB-GM 的
模型示意

（b）模型各层的
能量平衡

（c）WEB-GM 模型模拟结果
与传统 Fujita Model 模型的对比

图 2　藏东南帕隆藏布 4 号冰川 2009 年夏季消融期观测与新建的能量平衡模型
（WEB-GM）及传统的能量平衡模型（Fujita Model）模拟的结果对比

（注：包括累积冰川消融深度、日均冰川表面温度、感热通量、潜热通量等）

（二）海洋性冰川与大陆性冰川表面能量平衡的模拟对比

基于新发展的冰川物质与能量平衡模型，模拟对比了藏东南帕隆藏布 4 号冰川（海洋性冰川）和高原中部的小冬克玛底冰川（大陆性冰川）。模拟结果表明，不同冰川表面能量平衡差异主要来源于冰川表面净辐射的差异，而潜热和感热差值的贡献也不容忽视；升华是冰川表面的重要物质支出，尤其在非消融季节对物质平衡的影响至关重要（图 3）。

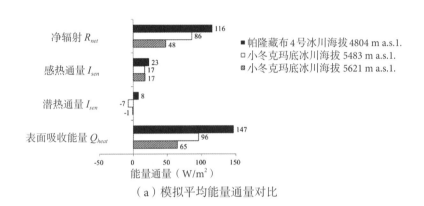

（a）模拟平均能量通量对比

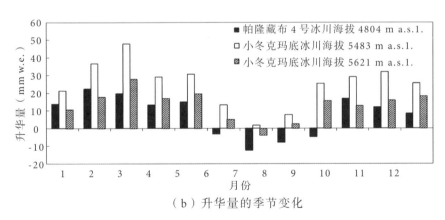

（b）升华量的季节变化

图 3 2012 年消融季节帕隆藏布 4 号冰川（4804 m a.s.l.）和小冬克玛底冰川（5438 m a.s.l. 和 5621 m a.s.l.）的模拟能量通量和升华量的对比

（注：能量通量对比包括表面净辐射 R_{net}、感热通量 I_{sen}、潜热通量 I_{lat} 和表面吸收能量 Q_{heat}）

（三）冰川表面物质平衡的时空分布特点

在基于焓的冰川物质平衡模型中，引入预处理模块处理 DEM 和冰川编目信息，并引入气象辐射驱动数据的分布式参数化方案，合理设置初始条件，从而将其发展成为分布式冰川物质平衡模型。

该分布式模型于 2009 年 5 月 24 日至 8 月 28 日在藏东南帕隆藏布 4 号冰川进行应用，根据模拟结果，这段时间内积累区的累积冰川消融为 1.5～2.5 mw.e.，消融区的累积冰川消融为 4.5～6.0 mw.e.，末端则达到 6.5 mw.e.；冰川消融主要发生在 6 月和 7 月，积累区在 6 月和 7 月的消融程度相似，而消融区 7 月的消融程度远大于 6 月（图 4）。

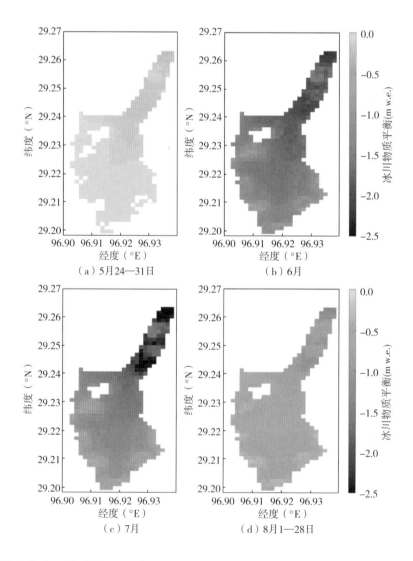

图 4　帕隆藏布 4 号冰川 2009 年 5 月 24 日至 8 月 28 日各月的冰川物质平衡模拟结果

三、代表性成果

[1] FUGGER S，FYFFE C，FATICHI S，et al. Understanding monsoon controls on the energy and mass balance of Himalayan glaciers[J]. The cryosphere discussions，2022（16）：1631-1652.

[2] SHAW T，YANG W，AYALA A，et al. Distributed summer air temperatures across mountain glaciers in the south-east Tibetan Plateau：Temperature sensitivity and comparison with existing glacier datasets[J]. The cryosphere，2021（15）：595–614.

[3] MENENTI M，JIA L，MANCINI M，et al. High elevation energy and water balance：The roles of surface albedo and temperature[J]. Journal of geodesy and geoinformation science，2020，3（4）：70-78.

[4] WANG Y，YE Q. ArcPycor：An open-source automated GIS tool to co-register elevation datasets[J]. Journal of mountain science，2020，18（9）：923-931.

[5] YANG W，ZHAO C X，WESTOBY M，et al. Seasonal dynamics of a temperate tibetan glacier revealed by high-resolution UAV photogrammetry and in situ measurements[J]. Remote sensing，2020（12）：2389.

[6] 赵传熙，杨威，王永杰，等. 基于无人机技术的藏东南帕隆 4 号冰川表面高程和运动速度变化研究 [J]. 北京师范大学学报，2020，56（4）：557-565.

[7] 赵传熙，杨威，王永杰，等. 冰川区不同气温估算方法评估：以藏东南帕隆 4 号冰川为例 [J]. 冰川冻土，2019，41（6）：1281-1291.

[8] DING B H，YANG K，YANG W，et al. Development of a water and enthalpy budget-based glacier mass balance Model（WEB-GM）and its preliminary validation[J].Water resources research，2017（53）：3146-3178.

[9] YANG W，GUO X，WANG Y. Observational evidence of the combined influence of atmospheric circulations and local factors on near-surface meteorology in Dogze Co basin，inner Tibetan Plateau[J]. International journal of climatology，2018，38（4）：2056-2066.

[10] YANG W，YAO T，ZHU M，et al. Comparison of the meteorology and surface energy fluxes of debris-free and debris-covered glaciers in the southeastern Tibetan Plateau[J]. Journal of glaciology，2017，63（242）：1090-1104.

基于陆表水循环关键参量开展水文模拟应用和流域监测研究

（Dragon3-10680；Dragon4-32439_1）

一、总体介绍

（一）合作目标

空间对地观测是获取地表参量信息的重要手段，本系列项目针对陆表水循环关键参量，综合利用中欧等多源遥感数据研发相关算法和产品，支持自然地理条件复杂的大型流域水文模拟等应用和开展流域监测研究等。"龙计划"三期项目 Terrestrial Water Cycle in South and East Asia：Hydrospheric and Cryospheric Data Products（10680）主要开展地表状态参量（如叶面积指数、土壤水分等）算法、时间序列重建方法和产品研发，获取东亚和南亚地区数十种地表参量数据。"龙计划" 四期项目 Satellite Data Products on Each Component of the Terrestrial Water Cycle at the Land-Atmosphere Interface（SADTALE）（32439_1）主要面向亚洲高海拔地区，基于卫星遥感估算蒸散发等数据开展地气相互作用研究。针对高海拔地区冰冻圈和水文学研究面临的重大挑战，如相关地面资料缺少或匮乏、难以开展地面观测实验等，基于空间对地观测技术生产对陆地水量平衡起决定作用的水通量产品，以刻画区域水文过程，并支持自然地理条件复杂的大型流域水文模拟等应用和开展流域监测研究等。

（二）研究队伍

负责人为中国科学院空天信息创新研究院（原中国科学院遥感与数字地球研究所）贾立研究员和荷兰代尔夫特理工大学 Massimo Menenti 教授，包括中国科学院空天信息创新研究院郑超磊博士等 20 余名青年科学家参与了相关研究（图 1）。

图 1　项目研究团队

本项目融合不同卫星和传感器数据获取了陆表水分消耗产品等高寒地区水文过程相关遥感产品。利用中方研究团队自主研发的基于遥感数据驱动具有物理机制的 ETMonitor 模型，建立了全球地表蒸散发及其分量（如土壤蒸发、植被蒸腾、降水截留蒸发、冰雪升华）估算系统，生成了 2000—2020 年全球逐日 1 km 分辨率蒸散发数据集。利用中国及欧洲卫星数据等，开展青藏高原冰川制图和典型冰川物质平衡研究等。本研究将冰冻圈科学和水文学综合考虑，从科学角度更好地理解不同时空尺度上的陆地水循环。

二、亮点成果

（一）全球陆表蒸散发数据集

（1）研究方法：采用了中方研究团队自主研发的地表蒸散发估算模型 ETMonitor 来估算全球陆表蒸散发，该模型从主控地表能量与水分交换过程的能量平衡、水分平衡及植物生理过程的机制出发，在植被蒸腾及土壤蒸发进行参数化方案中引进土壤水分胁迫因子、构建雪面升华过程及冠层截留过程等参数化方法，完善和提高利用遥感观测作为驱动的模型模拟能力和精度。

（2）成果描述：生成了 2000—2020 年全球蒸散发数据集，时空分辨率为逐日 1 km。并基于全球通量网站点观测数据，对本研究的蒸散发算法开展了直接验证，发现本研究蒸散发算法精度较好，其中逐日蒸散发均方根误差为 0.93 mm，聚合到 8 日后均方根误差为 0.83 mm，站点验证精度优于其他国际主流遥感蒸散发算法产品。获取的蒸散发数据能较好地反映出全球尺度蒸散发空间分布特征及变化。

（二）青藏高原冰川制图和典型冰川物质平衡

（1）研究方法：在全球气候变化的背景下，青藏高原冰川发生了显著变化，在高原地气相互作用研究中起到重要作用。基于中欧卫星遥感，项目开展了青藏高原典型冰川面积制图和冰川物质平衡研究。

（2）成果描述：在冰川面积提取方面，结合国产 GF-1 号卫星数据，开发了基于机器学习的青藏高原冰川面积提取方法，与现有方法相比能实现有表碛覆盖的冰川精确分类，分类精度达到 98%。在冰川物质平衡研究方面，基于国产资源三号（ZY-3）卫星三线阵立体像对数据，采用摄影测量技术，实现了青藏高原典型冰川高程提取，获取了念青唐古拉山区域 2000—2017 年冰川物质平衡变化，发现念青唐古拉山西段及东段冰川在 2000—2017 年物质平衡为负平衡，且西段冰川在近年（2013—2017 年）表现为物质损失加速的趋势，为研究和理解青藏高原地区冰川物质平衡提供了方法和基础数据。

三、代表性成果

[1] ZHENG C L，JIA L，HU G C. Global land surface evapotranspiration monitoring by etmonitor model driven by multi-source satellite earth observations[J]. Journal of hydrology，2022:128444. DOI：10.1016/j.jhydrol.2022.128444.

[2] JIA L，ZHENG C L，HU G C，et al. Evapotranspiration[M]// LIANG S L. Comprehensive Remote Sensing. Oxford：Elsevier Inc.，2018：25-50.

[3] ZHENG C L，JIA L，HU G C，et al. Earth observations-based evapotranspiration in Northeastern Thailand[J]. Remote sensing，2019，11（2）：138.

[4] ZHENG C L，JIA L. Global canopy rainfall interception loss derived from satellite earth observations[J]. Ecohydrology，2020，13（2）：e2186.

[5] ZHENG C L，JIA L，HU G C，et al. Global evapotranspiration derived by ETMonitor model based on earth observations [J]. IEEE international geoscience and remote sensing symposium，2016：222-225.

[6] REN S T，MASSIMO M，JIA L，et al. Glacier mass balance in the nyainqentanglha mountains between 2000 and 2017 retrieved from ZiYuan-3 stereo images and the SRTM DEM[J]. Remote sensing，2020，12（5）：864.

[7]   ZHANG J X，JIA L，MASSIMO M，et al. Glacier facies mapping using a machine-learning algorithm：The parlung zangbo basin case study[J]. Remote sensing，2019，11（4）：452.

[8]   ZHANG J X，JIA L，MASSIMO M，et al. Interannual and seasonal variability of glacier surface velocity in the parlung Zangbo Basin，Tibetan Plateau[J]. Remote sens，2021，13（1）：80.

[9]   CHEN Q T，JIA L，MASSIMO M，et al. A numerical analysis of aggregation error in evapotranspiration estimates due to heterogeneity of soil moisture and leaf area index[J]. Agriculture and forest meteorology，2019（269-270）：335-350.

[10]   贾立，中国科学院遥感与数字地球研究所，2017 年. 非均匀下垫面地表蒸散发观测与遥感估算的理论与方法. 高等学校科学研究优秀成果奖（自然科学奖）二等奖，教育部.（科研奖励，第二完成人）.

利用多源遥感协同反演全天候地表温度与异质性下垫面地表温度的尺度转换

（Dragon4-32439）

一、总体介绍

（一）合作目标

针对卫星热红外遥感反演的地表温度受云显著影响、难以满足实际应用需求及异质性下垫面地表温度尺度转换存在极大困难等问题，在"龙计划"项目支持下，构建相应的理论与方法，形成一支高水平的卫星遥感地表温度国际研究队伍。

（二）研究队伍

项目来源于李新研究员与 Mancini 教授承担的"龙计划"四期项目（编号：32439）。本研究工作主要由中方电子科技大学与欧方德国卡尔斯鲁厄理工学院（Karlsruhe Institute of Technology）合作开展。参与成员包括周纪教授、Frank-Michael Göttsche 博士，以及博士生张晓东、李明松、马晋（图1）。

图1　项目研究团队

（注：照片从左到右依次为周纪、Frank-Michael Göttsche、张晓东、李明松、马晋）

（三）重要创新成果概述

建立了热红外与被动微波反演全天候地表温度的多源遥感协同系列物理模型，提高了多源遥感协同反演全天候地表温度的精度和图像质量；基于地表温度的多平台多尺度观测，克服了异质性下垫面对地表温度尺度转换的挑战，建立了地表温度升尺度方法。在国际顶级期刊发表学术论文 2 篇、发布科学数据集 2 套。

二、亮点成果

（一）利用多源遥感协同反演全天候地表温度

热红外与被动微波遥感协同是反演全天候地表温度的有效手段，被动微波遥感图像的空间分辨率远低于热红外，常规协同手段反演的地表温度在精度和图像质量上均存在较大的不确定性。从时序维度建立了地表温度稳态和非稳态分量的数学模型，以及基于热红外与被动微波遥感信息的参数化方案；从空间维度建立了综合考虑地类—植被—地形等因子的各分量优化方案。由此，构建了热红外与被动微波协同反演全天候地表温度的物理模型——时间成分分解模型。相对于从空间维度协同的国际经典方法，时间成分分解模型将精度由 2.84 ～ 5.45 K 提高至 1.20 ～ 2.75 K，并解决了前者反演结果图像中显著的斑块效应，完善地实现了云下地表温度重建。

该成果发表于遥感领域顶级期刊 *IEEE Transactions on Geoscience and Remote Sensing*，获批中国发明专利 1 项。生成了较高质量的科学数据集"中国西部逐日 1 km 空间分辨率全天候地表温度数据集 V1（2003—2018）"，该数据集于 2019 年 12 月在国家青藏高原科学数据中心发布，浏览 / 下载次数超过 4000/200 次，并为中国科学院 A 类战略性先导科技专项"泛第三极环境变化与绿色丝绸之路建设"专项青藏高原土壤水分产品提供了主要输入数据。

（二）异质性下垫面地表温度尺度转换

复杂异质性下垫面的地面观测是地表温度检验的重要基础，但如何从地表温度的地面观测结果获得像元尺度的地表温度，长期缺乏完善、可操作性强的尺度转换方法。本研究团队基于周纪教授课题组在"黑河流域生态—水文过程综合遥感观测联合试验"支持下在黑河下游实施的为期两年的"地表温度多尺度观测试验（MUSOES）"，进行了异质性下垫面地表温度的尺度转换研究。基于MUSOES完善的单点—方向—视场—像元立体观测体系和获得的多尺度多平台观测数据，深入分析了异质性下垫面地表温度观测误差来源等科学问题；根据试验采集的典型站点场景结构参数重建三维场景模型（图2），对多种尺度—方向—时间—仪器的组分温度进行升尺度，使升尺度结果精度达到 2.0 K。

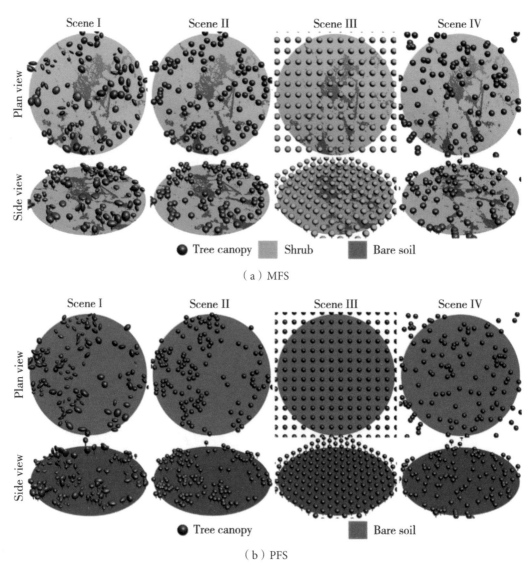

图 2　重建的目标场景三维模型

该成果发表于农林气象领域顶级期刊 *Agricultural and Forest Meteorology*，获批中国发明专利 1 项。"黑河生态水文遥感试验：多尺度地表温度观测试验（MUSOES）数据集"于 2019 年 9 月在国家青藏高原科学数据中心发布，被欧洲遥感领域旗舰高校——英国莱斯特大学和自然资源部、中国科学院地理科学与资源研究所、中国科学院空天信息创新研究院、清华大学等下载使用。

三、代表性成果

[1] ZHANG X D，ZHOU J，GÖTTSCHE F M，et al. A method based on temporal component decomposition for estimating 1-km all-weather land surface temperature by merging satellite thermal infrared and passive microwave observations[J]. IEEE transactions on geoscience and remote sensing，2019，57（7）：4670–4691.

[2] LI M S，ZHOU J，PENG Z X，et al. Component radiative temperatures over sparsely vegetated surfaces and their potential for upscaling land surface temperature[J]. Agricultural and forest meteorology，2019，276–277：107600.

中国干旱地区典型内陆河流域关键生态—水文参数的反演与陆面同化系统研究

（Dragon2-5322）

一、总体介绍

（一）合作目标

利用 ESA 及其他卫星数据反演流域关键生态—水文参数，并融合水文模型生成高空间分辨率、高时空一致性和物理一致性强的生态—水文数据集。

（二）研究队伍

中方小组成员：

中国科学院寒区旱区环境与工程研究所：李新研究员、王建研究员、王介民研究员、胡泽勇研究员、马明国博士、卢玲博士、王维真博士、车涛博士、南卓铜博士、晋锐博士。

中国科学院空天信息创新研究院：贾立研究员、刘强博士。

欧方小组成员：

Prof. Massimo Menenti — Laboratoire des Sciences de l' Image, de l' Informatique et de la Télédétection（LSIIT）, Université Louis Pasteur（ULP）, France.

Dr. Frank Veroustraete — Flemish institute for Technological Research（VITO）, Centre for Remote Sensing and Earth Observation Processes（Tap）, Belgium.

Prof. Bob Su and Mr.Xin Tian — International Institute for Geo-information Science and Earth Observation（ITC）, The Netherland.

Dr. Zhaoliang Li — Centre national de la recherche scientifique（CNRS），France.

Dr. P.A. Brivio — CNR – IREA, Italy.

Dr. F. Maselli — CNR – IBIMET, Italy.

Dr. Run Wang — Institut für Geographie, Germany.

（三）重要创新成果概述

依托"黑河综合遥感联合试验"获取了一套多尺度的航空—卫星遥感和地面同步观测数据集，在积雪参数提取、地表冻融微波遥感、森林结构参数的观测和遥感反演、蒸散发观测与遥感估算、土壤水分反演、生物物理参数和生物化学参数反演等方面取得了丰富成果。主要亮点是：利用 ENVISAT-ASAR 数据，依靠多角度的信息提出了有效抑制粗糙度影响的土壤水分反演算法；利用 PROBA-CHRIS数据，发展了多种使用多角度、多光谱观测资料用冠层辐射传输模型反演 LAI 的方法；通过结合 SPOT、ALOS-PALSAR 和其他辅助数据反演得到了森林生物量；通过 MODIS 数据和植被光合模型获得了 GPP 的准确估算。

发展了可同化多源遥感数据的黑河流域陆面 / 水文数据同化系统，得到了空间分辨率为 1 km、时间分辨率为 1 h 的流域水文循环变量和生态系统生产力的同化数据集。

二、亮点成果

（一）积雪参数反演

雪水当量、雪盖面积、雪反照率和雪面温度等是构建高寒山区融雪径流模型的重要参数。在上游寒区水文试验区利用 SAR（包括 ALOS-PALSAR、ENVISAT-ASAR、HJ-1-C）数据发展了雪水当量和雪盖面积的反演算法；利用多 / 高光谱传感器（如搭载在 ENVISAT 上的 MERIS/AATSR、MODIS、HJ-1-A/B 及风云系列）提取了雪反照率、雪盖面积和雪面温度；结合 SAR 和被动微波数据（如 SMOS 和AMSR-E）监测冻土和季节性冻土的冻融循环。

（二）森林级农田生态水文参数估计

陆面温度、土壤湿度和蒸散发等是理解干旱区流域森林—绿洲—荒漠水循环过程的关键参数。在森林水文试验区和中游干旱区水文试验区开展了利用多光谱、多角度遥感数据（包括 MERIS/AATSR、MODIS、HJ-1-A/B 及风云系列）反演陆面温度与蒸散发（图1）；利用主/被动微波遥感数据（如 SMOS、ASAR 和 PALSA）估算土壤湿度（图2）。

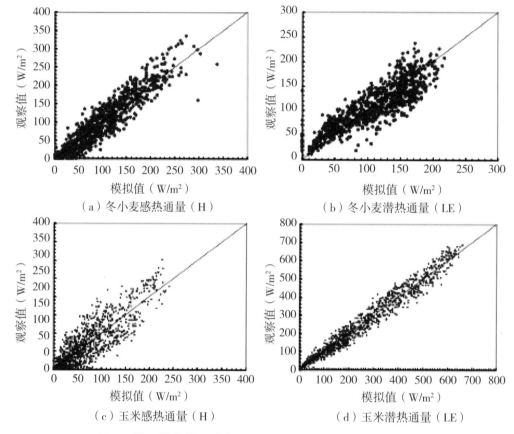

图 1　基于航空热红外数据的冬小麦和玉米地蒸散发估算

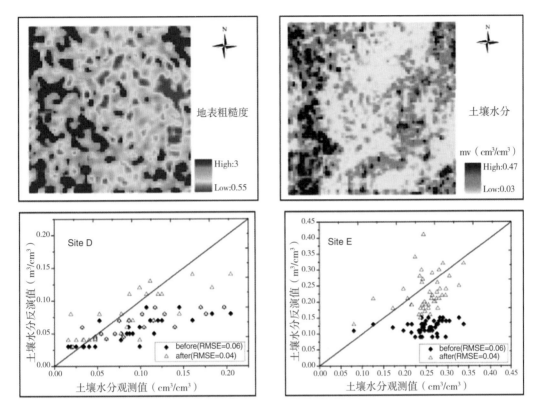

图2　基于主动微波遥感数据的表层土壤水分反演

（三）陆面数据同化系统开发

陆面数据同化系统是理解陆面和水文过程的重要工具。本项目发展了能够实时融合多源遥感观测的黑河流域陆面数据同化系统（HDAS），集成观测与水文、陆面和生态模型，生成高分辨率和时空一致性的水文—生态参数集，以提高对黑河流域水资源和环境变化的动态模拟、监测与预测能力（图3）。通过测试，该系统能够很好地进行土壤水分和温度模拟（图4）、径流预报（图5）和灌溉优化（图6、表1）。

中欧遥感科技合作
"龙计划" 文集

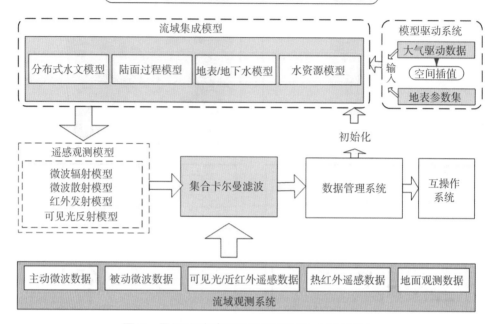

图3　黑河流域陆面数据同化系统（HDAS）

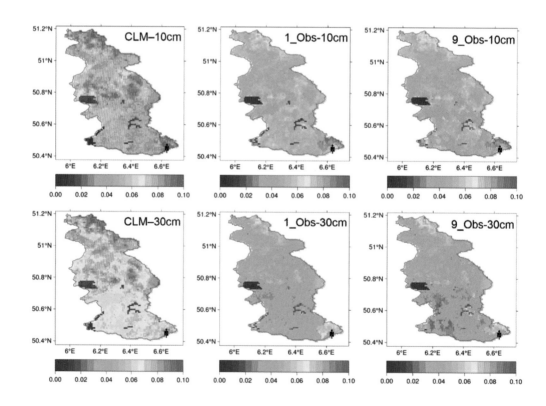

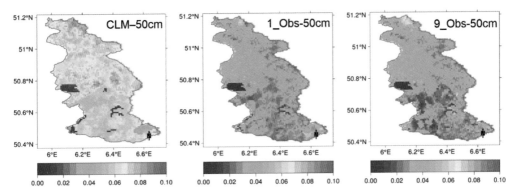

图4　HDAS 生成的土壤水分和温度的误差分布

（注：由误差分布可以看出联合同化地表温度和亮度温度能明显改善土壤水分
和土壤温度的模拟精度）

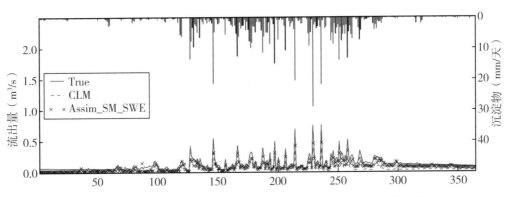

图5　HDAS 同化土壤水分和雪水当量后明显改善了径流预报

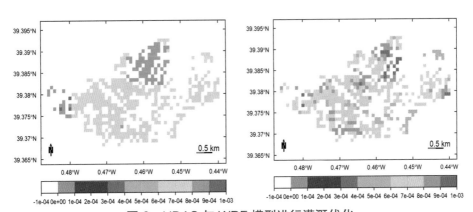

图6　HDAS 与 WRF 模型进行灌溉优化

表 1　HDAS 与 WRF 模型灌溉优化对比

试验案例	灌溉量（mm）
参考值	406.59
无气象数据无同化	211.76
仅同化土壤水分	356.36
仅考虑气象数据	221.11
同时考虑气象数据并同化	369.32

三、代表性成果

[1]　LI X，LI X W，ROTH K，et al. Preface "Observing and modeling the catchment scale water cycle"[J]. Hydrology and earth system sciences，2011，15（2）：597-601.

[2]　LI X，LI X W，Li Z Y，et al. Watershed allied telemetry experimental research[J]. Journal of geophysical research，2009（114）：D22103.

[3]　CHE T，DAI L Y，WANG J，et al. Estimation of snow depth and snow water equivalent distribution using airborne microwave radiometry in the Binggou watershed，the upper reaches of the Heihe river basin[J]. Int J Appl Earth Observ，2012（17）：23-32.

[4]　WANG S G，LI X，HAN X J，et al. Estimation of surface soil moisture and roughness from multi-angular ASAR imagery in the watershed allied telemetry experimental research（WATER），hydrol[J]. Hydrology and earth system sciences，2011，15（5）：1415-1426.

[5]　JIN R，LI X，CHE T. A decision tree algorithm for surface soil freeze/thaw classification over China using SSM/I brightness temperature[J]. Remote sensing of environment，2009，113（12）：2651-2660.

[6]　ZHAO T J，ZHANG L X，JIANG L M，et al. A new soil freeze/thaw discriminant algorithm using AMSR-E passive microwave imagery[J]. Hydrol process，2011，25（11）：1704-1716.

[7]　SONG Y，WANG J M，YANG K，et al. A revised surface resistance

parameterization for estimating latent heat flux from remotely sensed data[J]. Int J Appl Earth Observ, 2012（17）: 76–84.

[8]　TIAN X, SU Z, CHEN E X, et al. Estimation of forest above-ground biomass using multi-parameter remote sensing data over a cold and arid area [J]. Int J Appl Earth Observ, 2012（14）: 160–168.

基于遥感数据闭合流域尺度水循环

（Dragon3-10649）

一、总体介绍

（一）合作目标

利用遥感数据精确闭合流域尺度水循环。为了实现这一目标，需要准确估计关键水文变量，包括降水、蒸散发、土壤水分、雪水当量、径流和地下水储量等。最终将这些反演结果同化到陆面过程模型中，从而实现水循环变量在流域尺度上的闭合。

（二）研究队伍

中方小组成员：

中国科学院寒区旱区环境与工程研究所：李新研究员、王建研究员、王介民研究员、马明国研究员、卢玲研究员、王维真研究员、黄春林研究员、南卓铜研究员、朱忠礼博士、车涛博士、晋锐博士、祁元博士、李弘毅博士、郝晓华博士、韩旭军博士、周剑博士、王树果博士、潘小多博士、梁继博士。

北京师范大学：刘绍民教授。

欧方小组成员：

Prof. Harry Vereecken, Institute of Bio- and Geosciences（IBG）, Jülich Research Centre, Forschungszentrum Jülich GmbH, IBG-3, Leo-Brandt-Strasse, 52425 Jülich, Germany.

Prof. Kurt Roth, Heidelberg University, Institute of Environmental Physics, INF 229, University of Heidelberg, D-69120 Heidelberg, Germany.

Prof. Massimo Menenti, Delft University of Technology, Kluyverweg 1, 2629 HS, Delft, PO Box 5058, 2600 GB Delft, The Netherlands.

Prof. Bob Su, International Institute for Geo-information Science and Earth Observation（ITC）, Hengelosestraat 99, P.O.Box 6, Enschede, Netherlands.

Prof. Hendrik A. R. de Bruin, Retired at Wageningen University, Guest Scientist, Delft University of Technology, Kluyverweg 1, 2629 HS, Delft, PO Box 5058, 2600 GB Delft, The Netherlands.

Dr. Haijing Wang, Swiss Federal Institute of Technology Zurich（ETH）, Institute of Environmental Engineering.

Dr. Carsten Montzka, Jülich Research Centre, Institute of Bio- and Geosciences（IBG）, Forschungszentrum Jülich GmbH, IBG-3, Leo-Brandt-Strasse, 52428 Jülich, Germany.

Mr. Patrick Klenk, Heidelberg University, Institute of Environmental Physics, INF 229, University of Heidelberg, D-69120 Heidelberg, Germany.

Mr. Xin Tian, International Institute for Geo-information Science and Earth Observation（ITC）, Hengelosestraat 99, P.O.Box 6, Enschede, Netherlands.

（三）重要创新成果概述

本课题在中国黑河流域上、中、下游各建立了一个重点试验区以开展加强或长期观测。同样，在 Rur 流域，也根据不同的地表覆盖建立了 3 个重点试验区，分别为 Selhausen（针对农田），Rollesbroich（草地）和 Wuestebach（森林）。主要研究工作包括以下方面。

（1）在"龙计划"二期成果的基础上，进一步发展和验证了针对水文变量的估算 / 反演方法，如降水、蒸散发、土壤水分、雪水当量和地下水储量。

（2）生成了从 2012—2015 年试验流域几个重要变量的遥感产品，如蒸散发（空间分辨率 1 km）、土壤水分（1 km）、雪水当量（1 km）和降水（10 km）。

（3）将遥感产品与水文模型和陆面过程模型结合，获得高分辨率、时空一致的数据集，从而实现精确闭合流域尺度水循环和提高水资源预报精度的目标。

二、亮点成果

（一）关键水循环变量遥感估算与数据同化

为在流域尺度上精确闭合水循环，首先利用多源遥感数据开展水循环各变量的估计。①在系统评估黑河流域 4 套降水产品的基础上，项目组采用 4 DVar 数据同化策略将多源遥感产品同化到 WRF 模型，并利用动力降尺度方法生成 5 km 逐小时降水产品（图 1）。②项目组基于 HiWATER 数据和表面能量平衡模型，估算了黑河中游高分辨率地表蒸散发量（图 2）。③在黑河上游八宝河流域，项目组采用高分辨 ENVISAT/ASAR 和变化检测方法开展了土壤水分估计，取得了理想的反演结果，土壤水分估计值的 RMSE 介于 $0.03 \sim 0.12$ cm^3/cm^3（图 3）。

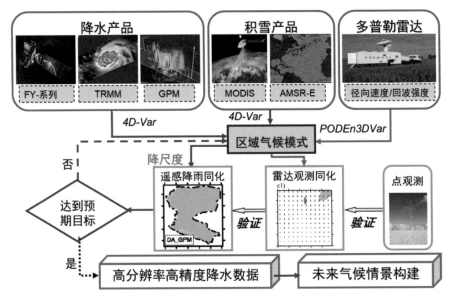

图 1　基于动力降尺度和数据同化的黑河流域降水产品估算（Pan et al., 2012, JGR; Pan et al., 2014, JHM; Pan et al., 2015, RS; Pan et al., 2017, RS）

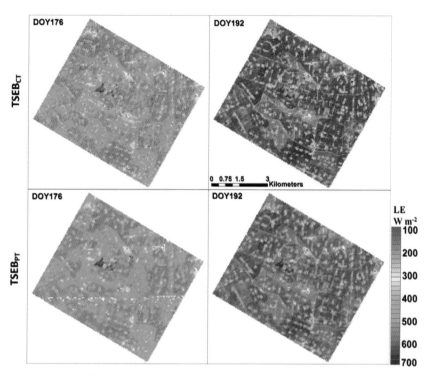

图 2　HiWATER 核心试验区地表蒸散发空间分布

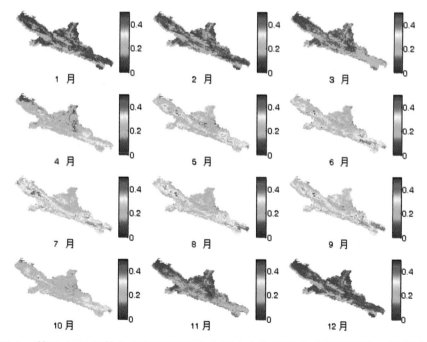

图 3　基于 ASAR 的八宝河流域逐月土壤水分空间分布（董淑英等，2015）

（二）水循环变量模拟

在开展水循环变量遥感估计的同时，项目组分别针对黑河上游和中游开展了水文模型耦合和实验研究。在黑河上游，项目组针对其冰冻圈水文过程的特殊性，耦合了一维水热过程模型（SHAW）和基于地貌学的分布式水文模型（GBHM），并利用该耦合模型在上游八宝河流域开展模拟试验，取得了良好的模拟结果。在黑河中游，研究团队将地下水模型（AquiferFlow）和陆面过程模型（SiB2）耦合，开发了新的黑河中游水文模型（GWSiB），从而更加全面地描述了地表水和地下水的相互交换过程。试验表明，该耦合模型能够更好地模拟地表蒸散发过程（图4）。

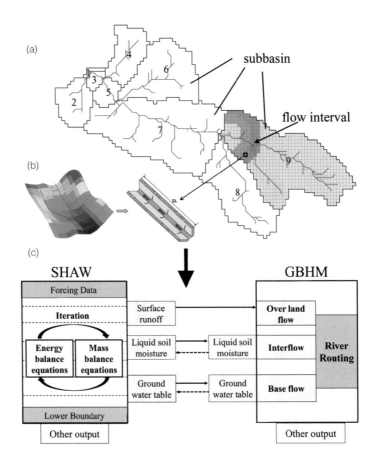

图 4　基于 SHAW 和 GBHM 的黑河上游水文模型耦合（Zhang et al, 2013）

三、代表性成果

[1] LI X, CHENG G, LIU S, et al. Heihe watershed allied telemetry experimental research（HiWATER）：Scientific objectives and experimental design[J]. Bulletin of the American meteorological society，2013，9（8）：1145-1160.

[2] PAN X D, TIAN X J, LI X, et al. Assimilating doppler radar radial velocity and reflectivity observations in the weather research and forecasting model by a proper orthogonal-decomposition-based ensemble，three-dimensional variational assimilation method[J]. Journal of geophysical research-atmospheres，2012（117）：D17113.

[3] PAN X D, LI X, CHENG G, et al. Development and evaluation of a river-basin-scale high spatio-temporal precipitation data set using the wrf model：A case study of the Heihe River Basin[J]. Remote sensing，2015，7（7）：9230.

[4] XU Z, LIU S M, LI X, et al. Intercomparison of surface energy flux measurement systems used during the HiWATER - MUSOEXE[J]. Journal of geophysical research（atmospheres），2013，118（23）：13140-13157.

[5] LIU S M, XU Z W, ZHAO Q Y, et al. Upscaling evapotranspiration measurements from multi-site to the satellite pixel scale over heterogeneous land surfaces[J]. Agricultural and forest meteorology，2016（230-231）：97-113.

[6] SONG L S, LIU S M, KUSTAS W P, et al. Application of remote sensing-based two-source energy balance model for mapping field surface fluxes with composite and component surface temperatures[J]. Agricultural and forest meteorology，2016（230-231）：8-9.

[7] HUANG C, LI Y, GU J, et al. Improving estimation of evapotranspiration under water-limited conditions based on SEBS and MODIS data in arid regions[J]. Remote sensing，2015，7（12）：16795-16814.

[8] DONG S, JIN R, KANG J, et al. Estimation of high resolution soil moisture by using ENVISAT/ASAR global mode backscattering in the upper reaches of Heihe River basin[J]. Remote sensing technolodge and application（in Chinese），2015，30（4）：667-676.

[9] MA C, LI X, WANG S . A global sensitivity analysis of soil parameters

associated with backscattering using the advanced integral equation model[J]. IEEE transactions on geoscience and remote sensing, 2015, 53（10）: 5613-5623.

[10] LI D, JIN R, ZHOU J, et al. Analysis and reduction of the uncertainties in soil moisture estimation with the L-MEB model using EFAST and ensemble retrieval[J]. IEEE geoscience and remote sensing letters, 2015, 12（6）: 1337-1341.

[11] WANG Z, CHE T, LIOU Y A. Global sensitivity analysis of the l-meb model for retrieving soil moisture[J]. IEEE transactions on geoscience and remote sensing, 2016（99）: 1-14.

[12] ZHANG Y L, CHENG G D, LI X, et al. Coupling of a simultaneous heat and water model with a distributed hydrological model and evaluation of the combined model in a cold region watershed[J]. Hydrological processes, 2013, 27（25）: 3762-3776.

[13] TIAN W, LI X, CHENG G D, et al. Coupling a groundwater model with a land surface model to improve water and energy cycle simulation[J]. Hydrology and earth system sciences, 2012, 16（12）: 4707-4723.

[14] PAN X, LI X, CHENG G, et al. Effects of 4D-Var data assimilation using remote sensing precipitation products in a WRF model over the complex terrain of an arid region River Basin[J]. Remote sensing, 2017, 9（9）: 963

[15] PAN X, LI X, CHENG G, et al. Development and evaluation of a river-basin-scale high spatio-temporal precipitation data set using the WRF model: a case study of the Heihe River Basin[J]. Remote sensing, 2015, 7（7）: 9230-9252.

[16] PAN X, LI X, YANG K, et al. Comparison of Downscaled Precipitation Data over a Mountainous Watershed: A Case Study in the Heihe River Basin[J]. Journal of hydrometeorology, 2014, 15（4）: 1560-1574.

基于多源水文数据产品的高亚洲流域及区域水安全监测

（Dragon4-32439_4）

一、总体介绍

（一）合作目标

该项目是"基于地球观测对冰冻圈在亚洲高山区的特征及变化研究"项目（EOCRYOHMA，T. Yao 和 T. Bolch 主持）和"长江湿地的水资源及质量监测的地球观测手段"项目（EOWAQYWET，Y. Wang 和 H. Yesou 主持）在水文及冰冻圈主题号召下联合响应的一部分。利用中欧数据资源、星载观测系统及中国数据产品不断提升的可及性与标准化程度的协同作用，生成新的水文数据产品。该项目旨在发展一个基于能量收支，由卫星观测数据驱动的冰川物质平衡模型，并结合分布式流域模型，以描述冰川融水对河水径流的贡献，用遥感水文数据产品来驱动、标定、验证及同化流域尺度的水文模型。

（二）研究队伍

中方小组成员：

中国科学院西北生态环境资源研究院：李新研究员、黄春林研究员、韩旭军博士、周剑博士、潘小多博士、李弘毅博士、庞国锦博士、马春锋博士、周彦昭。

电子科技大学：周纪教授。

欧方小组成员：

Prof. Marco Mancini, Politecnico di Milano, Milano, Italy.

Dr Chiara Corbari, Politecnico di Milano, Milano, Italy.

Prof. Bob Su, International Institute for Geo-information Science and Earth Observation（ITC）, Hengelosestraat 99, P.O.Box 6, Enschede, Netherlands.

Dr. Darren Ghent, University of Leicester, Leicester, United Kingdom.

Dr. Jose Sobrino, University of Valencia, Valencia, Spain.

Prof. Giuseppe Ciraolo, University of Palermo, Palermo, Italy.

（三）重要创新成果概述

本项目生产了对陆地水量平衡起决定作用的水循环遥感产品，并开展了流域监测研究。同时，项目开展了水—生态—经济耦合的流域集成模型和数据同化，系统评估了黑河流域水资源在不同气候和人类活动场景下的情景模拟，为未来水资源的合理利用提供了决策建议。

二、亮点成果

（一）黑河流域生态—水文—经济集成模型

过去 10 多年来，特别是自"黑河计划"启动以来，已有各种自然和社会经济系统模型。在这些已有的模型中，自然系统模型包括上游分布式水文模型、冰冻圈（冻土、积雪、冰川）水文模型、中下游三维地下水—地表水耦合模型、作物生长模型、荒漠植物生长模型、陆面过程模型等；社会经济系统模型包括土地利用模型、水资源模型、水市场模型、虚拟水模型、生态系统服务模型和水经济模型等。这些模型构成了黑河流域模型集成的基础和子模块，而一个集成的流域系统模型应同时考虑对自然和社会经济两大系统进行整合，从而形成自然—社会系统双向耦合、反馈、协同演化的流域系统模型（图 1）。

黑河流域生态—水文—经济系统集成模型包括两大系统，即自然系统模型和经济系统模型，以及两个连接自然系统和经济系统的界面模型，即土地利用模型和水资源模型。黑河流域生态—水文—经济模型集成构架如图 2 所示。

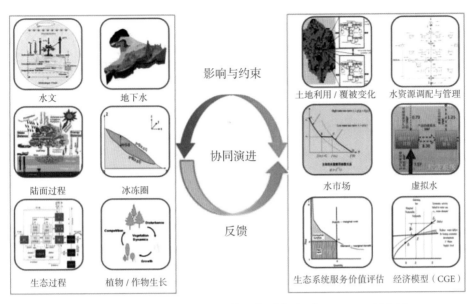

图 1 黑河流域系统模型的总体目标及框架（Li et al，2021）

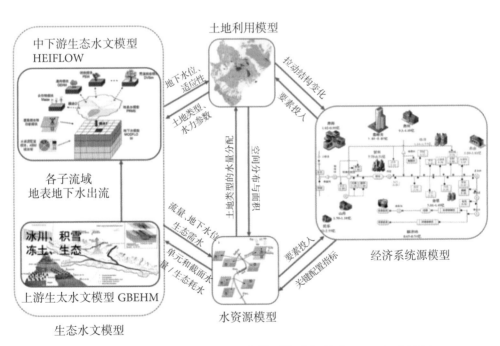

图 2 黑河流域生态—水文—经济模型集成框架（Li et al，2021）

（二）黑河流域可持续发展决策支持系统

应用情景分析与集成模型来分析不同情景下不同时段各生态水文和社会经济要素的状态，进而结合可持续性评价模型评价不同情景下每种状态的可持续性，发现符合流域可持续发展的路径，来支持流域决策者选择决策方案。黑河流域可持续发展决策支持系统的特征是完全开放、多层集成、通用性和灵活性。为了更有效地扩展系统的鲁棒性和灵活性，必须考虑以下关键问题：如何集成不同学科领域的科学模型；如何建立可持续发展目标（SDGs）与流域发展目标的关联关系；如何选择一条符合流域可持续发展的路径。

该系统的体系结构如图 3 所示，主要由 8 个部分组成：人机交互界面组件，用于通过 Web 页面响应用户请求，包括将非结构化和半结构化问题转换为系统能够识别的信息；流域可持续发展目标（RiSDGs）定制组件，用户可以从 RiSDGs 中自由选择符合本流域特征的可持续发展目标和指标，构建本流域的可持续发展指标体系；情景分析组件，其提供了 4 类情景参数，即气候情景、土地利用情景、社会经济情景和水资源管理情景，通过这 4 类情景参数可以形成多个组合情景；集成建模组件，该组件通过输入 / 输出（I/O）接口将生态水文模型与社会经济模型耦合在一个模型集成框架下；指标模型组件，一组指标模型用于将集成模型输

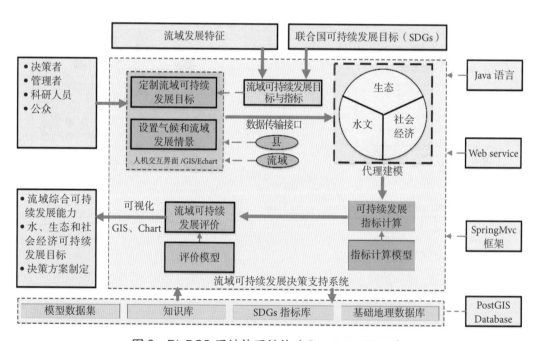

图 3　RisDSS 系统体系结构（Ge et al，2022）

出的自然和社会经济要素状态量转换为流域可持续发展目标和指标；可持续性评价组件，用于分析不同指标背离预期目标的趋势；GIS 组件，实现空间数据的显示、存储，同时可视化可持续性评价结果；数据管理组件，可以实现模型与模型库、RiSDGs 与 SDGs 指标库，以及可持续评价与知识库和模型结果之间的信息传输。

（三）精细闭合黑河流域水循环

该研究阐明了黑河流域水循环的特点，上游山区垂直地带性明显，具体表现为随着海拔升高，降雨增加，蒸散发减小，径流深和径流系数增加。冰冻圈水文过程对水循环有重要影响：冰川、积雪、冻土消融形成稳定径流，径流年际变化小，在基流中占比大（图 4）。中游农业绿洲：强烈的地表水—地下水交换及灌溉、地下水开采和生态输水是分别占据主导的自然和人类活动驱动要素，水资源利用已达到其临界阈值；地下水的过度开采改变了河流—含水层系统，造成地表水—地下水相互作用发生巨大变化（图 5）。下游极端干旱区天然绿洲：随着 2000 年生态输水工程的实施，下游输水从每年 7.6×10^8 m^3 增长到每年 10×10^8 m^3。其中，约 39% 用于滋养天然绿洲，4% 维持尾闾湖等水体，13% 用于灌溉迅速增加的耕地，剩余的 34% 则通过荒漠蒸发散失（图 6）。总体来说，下游地区的生态系统已经恢复到一定程度，但是下游耕地扩张引起了人们对整个流域水资源配置可能存在不公平性的极大关注。

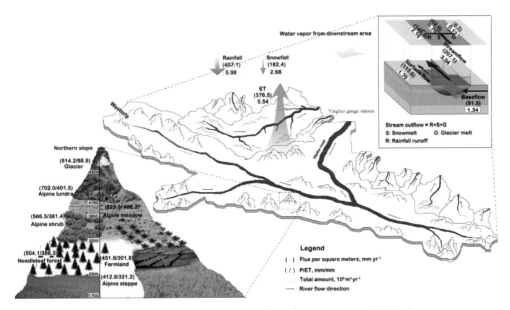

图 4 黑河上游山区水循环特征示意（Li et al，2018 b）

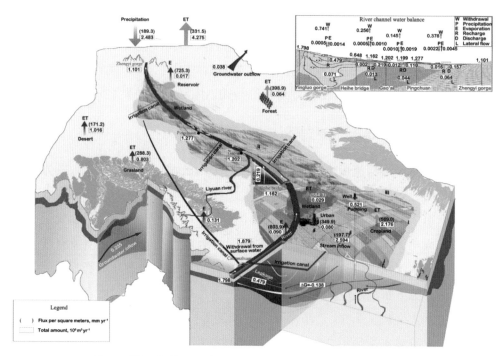

图 5　黑河中游绿洲水循环特征示意（Li et al，2018 b）

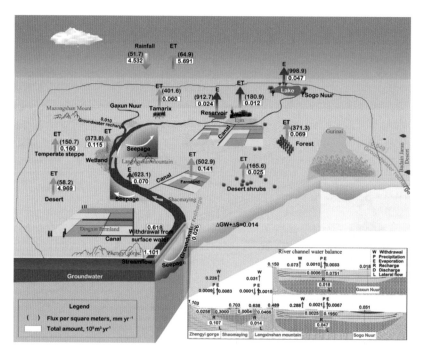

图 6　黑河下游绿洲水循环特征示意（Li et al，2018 b）

三、代表性成果

[1] LI X，CHENG G，LIN H，et al. Watershed system model：The essentials to model complex human - nature system at the river basin scale[J]. Journal of geophysical research atmospheres，2018，123（6）：3019-3034.

[2] LI X，CHENG G，GE Y，et al. Hydrological cycle in the Heihe River basin and its implication for water resource management in endorheic basins[J]. Journal of geophysical research atmospheres，2018，123（2）：890-914.

[3] LI X, ZHANG L, ZHENG Y, et al. Novel hybrid coupling of ecohydrology and socioeconomy at river basin scale: A watershed system model for the Heihe River basin[J]. Environmental modelling & software, 2021, 141:105058.

[4] CHEN W，SHEN H，HUANG C，et al. Improving soil moisture estimation with a dual ensemble Kalman smoother by jointly assimilating AMSR-E brightness temperature and MODIS LST[J]. Remote sensing，2017，9（3）：273.

[5] ZHANG Y，HOU J，GU J，et al. SWAT - based hydrological data assimilation system（SWAT - HDAS）：Description and case application to river basin - scale hydrological predictions[J]. Journal of advances in modeling earth systems，2017，9（8）.

[6] PAN X D，LI X，CHENG G D，et al. Effects of 4 D-Var Data assimilation using remote sensing precipitation products in a WRF model over the complex terrain of an arid region river basin[J]. Remote sensing，2017，9（9）：9639.

[7] LI Y，HUANG C，HOU J，et al. Mapping daily evapotranspiration based on spatiotemporal fusion of ASTER and MODIS images over irrigated agricultural areas in the Heihe River Basin，Northwest China[J]. Agricultural & forest meteorology，2017（244）：82-97.

[8] MA C，LI X，NOTARNICOLA C，et al. Uncertainty quantification of soil moisture estimations based on a bayesian probabilistic inversion[J]. IEEE transactions on geoscience & remote sensing，2017，55（6）：3194-3207.

[9] GE Y，HAN F，WU F，et al. A decision tool integrating SDGs and SSPs supporting sustainability of endorheic basins[J]. Environmental modelling & software. (In submission), 2022.

基于微波遥感的红河流域水资源监测

（Dragon4-32439_4）

一、总体介绍

（一）合作目标

红河流域流经越南、中国和老挝三国，崎岖的地形及喀斯特地貌造成降水的空间分布极不均匀。同时亚热带季风气候干湿季的特点造成水资源的季节分配也不均匀。微波遥感具有穿透植被和云全天候监测的能力，在红河流域水资源管理方面具有巨大的应用前景。项目结合中欧双方的优势，基于欧洲空间局 1 km 土壤水分降尺度算法、卫星高度计水位反演算法、微波降水遥感产品和水文模型，以期对红河流域水资源的动态变化进行综合监测。

（二）研究队伍（图 1）

中方：施建成、李睿、赵天杰（中国科学院遥感与数字地球研究所遥感科学国家重点实验室）。

欧方：Maria Jose Escorihuela, Vivien Stefan, Giovanni Paolini, Qi Gao（西班牙 isardSAT）。

（a）施建成研究员现场作报告（2018 年）　　　　（b）Maria Jose Escorihuela 教授
和李睿博士会面（2017 年）

图 1　项目研究团队

（三）重要创新成果概述

　　立足于红河流域水循环要素反演和过程模拟，中欧双方合作评估并且生产出 1 km 逐日土壤水分降尺度产品。基于哨兵 3 号卫星新开发的波形重追踪算法，对流域重要河段水位的变动进行遥感反演。与 MNIC 和 TRMM-RT 两种微波降水产品下的 SWAT 模型径流水位模拟结果相比较，发现两者的匹配度较高。说明通过微波遥感与水文模型的结合，能够有效地提高地形复杂的国际河流的水资源管理能力。

二、亮点成果

（一）红河流域 1 km 土壤水分降尺度遥感反演

　　（1）研究方法：欧方合作者基于 SMAP 和 SMOS 卫星利用 DISPATCH（DISaggregation based on a Physical and Theoretical scale Change）的方法生成 1 km 近地表土壤水分产品。DISPATCH 利用土壤蒸发效率概念将粗分辨率的地表土壤水分分解为 1 km 的土壤水分产品。土壤蒸发效率可以通过 MODIS 的地表温度和植被 NDVI 指数计算得到（Merlin et al，2013）。

　　（2）成果描述：中方合作者遥感科学国家重点实验室在滦河上游建立了 34 个密

集土壤温湿度站网(Zhao et al, 2020)。欧方基于降尺度算法生成1 km土壤水分产品，利用站网2019年1—9月逐日3 cm的土壤水分观测，从相关系数Correlation Coefficient、均方根误差RMSE（Root Mean Square Error）和偏差Bias 3个指标对产品精度进行检验。SMAP土壤含水量降尺度方法的平均RMSE为0.090 m³/m³，R^2为0.261（图2）。从红河流域2017年1月干季1 km分辨率平均土壤水分遥感反演产品来看，红河上下游的土壤水分有着明确的空间分布格局，上游山区土壤水分含量较低，下游平原三角洲土壤含水量较高（图3）。红河下游三角洲是越南重要的粮食生产地区，从事一年两熟和一年三熟的水稻种植。三角洲土壤含水量过高可能与当地灌溉活动剧烈和水稻的广泛种植有关。

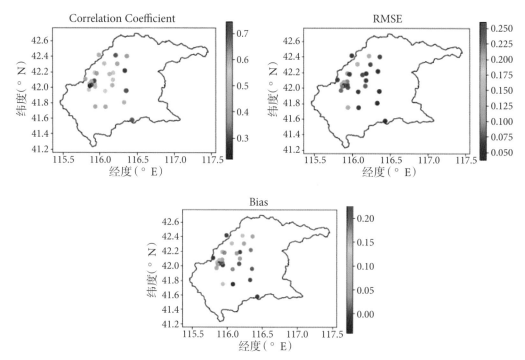

图2　滦河上游SMAP卫星遥感降尺度1 km分辨率土壤水分产品和土壤水分站点观测在相关度Correlation Coefficient、均方根误差RMSE和偏差Bias上的比较

图3　2017 年 1 月红河流域 SMOS 卫星遥感降尺度 1 km 分辨率红河流域土壤水分产品

（二）红河上游水位遥感反演及模拟

哨兵 3 号卫星在红河流域的雷达高度计数据较为丰富，欧洲合作者基于哨兵 3 号卫星的 2 级和 1 B 级产品开发水位反演算法（Gao et al，2019）。利用 1 B 级数据和两种波形追踪方法（OCOG 和两部雷达物理追踪方法）结合波形部分选择方法，最大限度地减少陆地的污染。SWAT 是美国农业部（USDA）农业研究中心的 Jeff Arnold 博士在 1994 年开发的应用广泛的水文模型。中方利用 GLDAS 0.25 度的最低气温、最高气温、相对湿度和短波太阳辐射及平均风速为基本气象驱动。之前多种降水驱动的比较研究表明（Li et al，2021），TEMP-RT 0.25 度产品和 CMORPH-Gauge 融合的 0.1 度降水产品（MNIC）在径流的模拟方面具有较好的表现。中方进一步利用元江站径流量和水位的经验关系模型估计出 2016—2018 年逐日水位的时间序列变动。

基于红河流域中国气象局逐小时 10 km 分辨率降水资料融合产品（MNIC）、星载微波数据的 TRMM-RT 及 IMERG-Early 降水产品，基于 SWAT 模型，对元江水文站水位进行模拟，SWAT 模型模拟的峰值在 2016 年 6—10 月，2017 年 8—10 月，其中融合多个雨量站的 MNIC 降水产品模拟出的水位较为平稳，微波降水产品模拟的水位能反映出干雨季的季节特征，干季的水位模拟差异比雨季的更小（图 4）。基于欧洲空间局 S3 B 卫星雷达高度计 289 站点离元江站较近，反演结果表明 2020 年 8 月为洪峰月份，中方利用 IMERG-Early 降水产品对 2020 年水文站的逐日水位进行同步估计，水文模型的模拟与高度计的反演的相关度在 0.27～0.41，两种方法有较好的匹配度（图5）。红河流域中游高度计监测75_3站点（21.925°N，104.867°E）2016—2018年的峰值在2017年1月、2017年10—12月（图6）。红河中游水位峰值比上游具有明显的日期滞后，可能与中下游地区的水库调节作用有关。

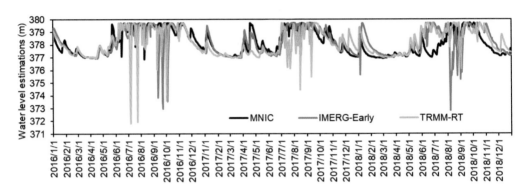

图4 基于 MNIC、IMERG-Early 和 TRMM-RT 降水数据集的红河上游 SWAT 模型元江水文站水位估算比较

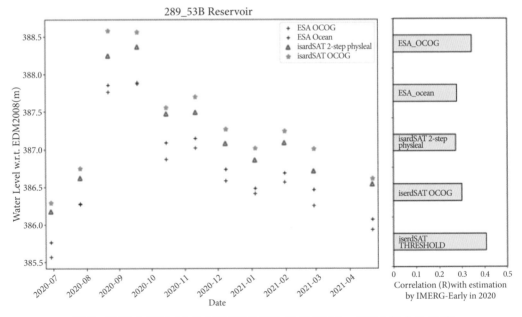

图5 欧洲空间局 S3 B 红河流域 289 站点 2020—2021 年水位反演

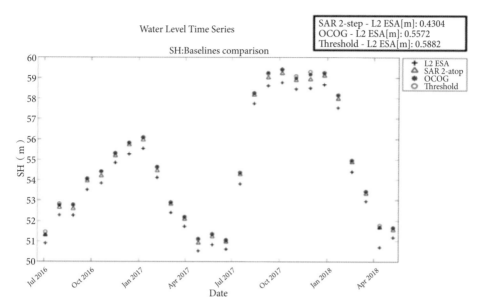

图6　欧洲空间局S3 A 红河流域卫星 75_3 站点 2016—2018 年水位反演

三、代表性成果

[1]　GAO Q，MAKHOUL E，MARIA J E，et al. Analysis of retrackers' performances and water level retrieval over the ebro river basin using sentinel-3 [J]. Remote sensing，2019，11（6）：718.（SCI）

[2]　LI R，SHI J C，JI D B，et al. Evaluation and hydrological application of TRMM and GPM precipitation products in a tropical monsoon basin of Thailand[J]. Water，2019（11）：818.（SCI）

[3]　ZHAO T J，SHI J C，LV L Q，et al. Soil moisture experiment in the Luan River supporting new satellite mission opportunities[J]. Remote sensing of environment，2020（240）：111680.（SCI）

[4]　MENENTI M, LI X, JIA L，et al. Multi-source hydrological data products to monitor High Asian River Basins and regional water security[J]. Remote sensing，2021（13）：5122.（SCI）

[5]　LI R，SHI J C，JI D，et al. The application of remote sensing precipitation products for runoff modelling and flood inundation area estimation in typical monsoon basins of Indochina Peninsula [C]. IGARSS 2020-2020 IEEE international geoscience and remote sensing symposium 2020：6871-6874.（EI 会议）

生态系统领域

极化干涉与层析 SAR 植被监测

（Dragon4-31470_2）

一、总体介绍

（一）合作目标

针对森林资源科学管理、全球气候变化研究等对区域植被类型、生物量和碳储量等动态信息的迫切需求，联合欧方专家共同开展极化 SAR、PolInSAR、层析 SAR 数据处理和植被三维信息提取模型和方法研究，发展完善极化 SAR 教育软件（PolSARPro），通过开展联合试验研究、青年学者互访、研究生培养、组织极化 SAR 高级培训班等方式促进中欧双方科技交流和合作。

（二）研究队伍

中方团队：陈尔学、李增元、洪文、李新武、赵磊、尹蔷等。

欧方团队：Laurent Ferro-Famil, Eric Pottier, Stefano Tebaldini, et al.

（三）重要创新成果概述

创新了星—机载 SAR 和干涉 SAR 数据定量化处理方法，降低了地形影响，提高了森林结构参数估测精度；提出了基于遗传算法的极化 SAR 特征选择方法，降低了特征冗余对于极化 SAR 分类和定量估测精度的影响；创新了自适应的层析 SAR 频谱分析方法，有效地提高了层析 SAR 剖面成像的质量；开展了一系列极化 / 极化干涉 SAR 定标和应用研究，完成了 PolSARPro 软件模块开发和极化经典著作翻译工作。

二、亮点成果

（一）创新了星—机载SAR和干涉SAR数据定量化处理方法，降低了地形影响，提高了森林结构参数估测精度

（1）研究方法：以中国机载 SAR 极化 SAR、双天线 InSAR，以及星载 ALOS PALSAR 极化 SAR 为数据，以内蒙古自治区根河森林生态定为站为试验区，深入开展了极化 SAR、InSAR 地形影响校正方法研究，改进了现有的校正方法，并基于地面实测森林样地估测数据对所发展的模型和方法进行了验证。

（2）成果描述：针对多维度 SAR 数据中存在的地形效应问题，提出了针对多维度 SAR 数据进行地形校正的方法。对于 PolSAR 数据，提出了适用于极化 SAR 数据格式的、全面的、自适应参数的三阶段地形校正方法（图 1）；对于 InSAR 相干性，提出了基于干涉失相干理论和代数差分的地形校正方法。实验结果表明，以上方法可有效地去除地形对极化 SAR 数据和干涉相干性的影响，提高了多维度 SAR 森林地上生物量（AGB）的估测精度（图 2）。

（二）创新了自适应的层析 SAR 频谱分析方法，有效地提高了层析 SAR 剖面成像的质量

（1）研究方法：通过小波变换对功率谱进行分析，优化层析 SAR 谱分析中的方差矩阵，并对协方差矩阵进行重构，然后进行频谱分析及成像。采用模拟仿真和真实层析 SAR 数据对所发展的方法进行试验验证。

（2）成果描述：针对传统层析 SAR 频谱估计中容易存在散焦、错误估计、分辨率丢失及强旁瓣影响等问题，提出了自适应的层析 SAR 频谱分析方法，有效地解决了频谱估计中的散焦、错误估计等问题，提高了在较低视数条件下的层析 SAR 成像剖面质量（图 3）。

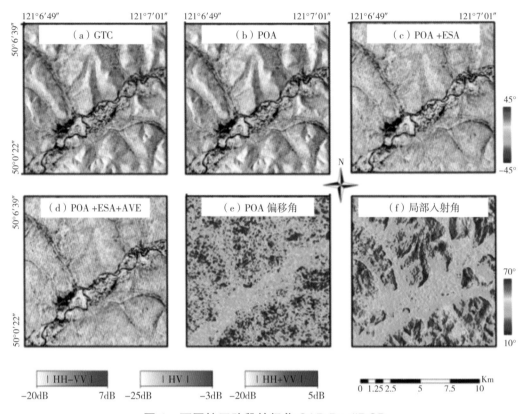

图 1　不同校正阶段的极化 SAR PauliRGB

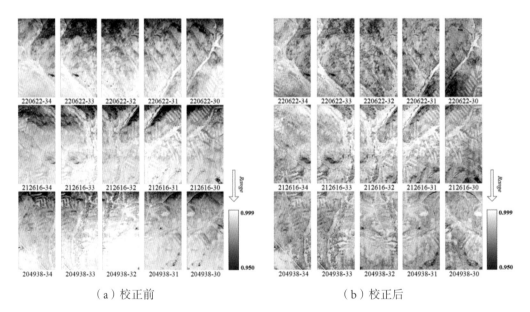

（a）校正前　　　　　　　　　　　　（b）校正后

图 2　地形校正前后的 X-InSAR 相干性影像

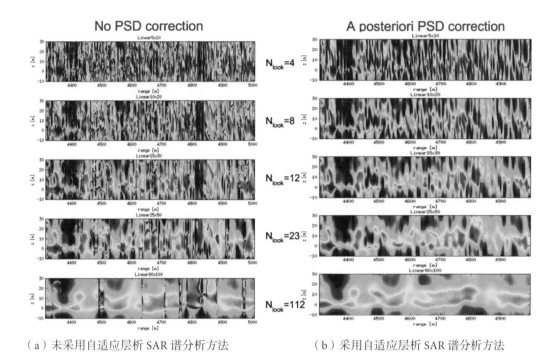

（a）未采用自适应层析 SAR 谱分析方法　　　　（b）采用自适应层析 SAR 谱分析方法

图 3　不同视数下层析 SAR 剖面功率分布

（三）开展了一系列极化 / 极化干涉 SAR 定标和应用研究，增强了欧洲空间局极化 SAR 教学软件 PolSARPro 功能，翻译了极化 SAR 经典著作

（1）研究方法：通过中欧双方团队合作研究，提出了基于极化分解能量的无监督分类算法、极化 SAR 森林历史火迹区域检测方法、极化干涉 SAR 森林植被高度估计及林下地形反演算法、多角度极化 SAR 散射特性研究方法，开展了简缩极化和混合极化体制、数据处理与应用等研究及其原理验证实验，在此基础上为欧洲空间局开源极化 SAR 数据处理软件 PolSARPro 贡献了软件模块，翻译了欧方专家出版的极化 SAR 专著。

（2）成果描述：项目组开发的极化 SAR 数据处理和信息提取模块被 PolSARPro 采用，为历次"龙计划"培训班提供了教学软件支撑；翻译了极化 SAR 领域两本经典著作，已成为国内极化雷达技术课程教材或从事相关学科研究必备的参考书。

三、代表性成果

[1] 李增元，陈尔学. 合成孔径雷达森林参数反演技术与方法 [M]. 北京：科学出版社，2018.

[2] ZHAO L，CHEN E，LI Z，et al. Three-step semi-empirical radiometric terrain correction approach for PolSAR data applied to forested areas[J]. Remote sensing，2017，9（3）：269.

[3] ZHANG W，LI Z，CHEN E，et al. Compact polarimetric response of rape（brassica napus L.）at C-Band：Analysis and growth parameters inversion[J]. Remote sensing，2017，9（6）：591.

[4] LI W M，CHEN E X，LI Z Y，et al. Forest aboveground biomass estimation using polarization coherence [J]. International journal of remote sensing，2015，36（2）：530-550.

[5] YANG H，LI Z Y，CHEN E X，et al. Temporal polarimetric behavior of oilseed rape（brassica napus L.）at C-Band for early season sowing date monitoring [J]. Remote sensing，2014，6（11）：10375-10394.

荒漠化信息高精度遥感提取技术和大区域土地退化遥感监测与评价

（Dragon3-10367，Dragon4-32396，Dragon5-39313）

一、总体介绍

（一）合作目标

土地退化是在人为和自然因素作用下引起的土地生产能力显著下降甚至丧失的过程。近几十年以来，全球土地退化范围逐渐增加，严重影响到土地管理政策的制定及粮食产量的安全，特别是对于发展中国家的贫困地区构成了严重威胁。鉴于此，基于对地观测技术的防治土地退化早期预期系统非常有必要。项目聚焦于：①发展基于卫星数据的适用于干旱地区的地方和区域尺度的植被和土壤生物物理学参量反演方法。②改进、比较和评价两种基于遥感技术的土地退化监测方法：一种是基于二代降水利用效率（2 dRUE）指标的方法；另一种是基于NPP气候响应速率指标的方法。③使用上述两种方法对中国荒漠化潜在发生区的土地退化情况进行评价，也就是UNCCD定义的中国干旱地区的土地退化。

（二）研究队伍（图1）

中方PI：高志海研究员（中国林业科学研究院资源信息研究所）；CO-PI：李晓松研究员（中国科学院空天信息创新研究院），白黎娜副研究员、王瑞瑜副研究员、孙斌副研究员（中国林业科学研究院资源信息研究所）。

欧方PI：Gabriel del Barrio（西班牙国家研究委员会干旱区试验站）；CO-PI：Juan Puigdefabregas、Maria E. SAN-JUAN（西班牙国家研究委员会干旱区试验站）。

图 1　荒漠化联合野外调查

（三）重要创新成果概述

　　研究提出了一系列荒漠化遥感信息定量提取的方法，针对荒漠化地区的植被稀疏、多由灌木和半灌木组成的特点，构建了适合干旱半干旱地区特点的 LAI 和植被覆盖度遥感定量反演方法；研究提出了基于植被降水利用效率（RUE）的荒漠化遥感评价方法；创新了一种基于植被生产力变化与气候耦合的土地退化遥感评价技术。

二、亮点成果

（一）稀疏植被参数遥感反演算法研究

　　（1）根据获得的 BJ-1 智能观测数据、HJ 星数据与 Landsat 的重叠区域作为研究区。以经过修正的植被冠层二向性反射模型为植被 BRDF 模型作为 LAI 反演模型，以 LUT（查找表）方法为 LAI 的反演方法，对研究区的 LAI 进行遥感反演。通过地面实测数据对估测模型进行了验证，基于辐射传输模型查找表法的草地 LAI 估算的精度为 67.6%。

（2）选取浑善达克沙地中东段腹地正蓝旗为研究区，以中高分辨率 GF-1 影像为主要数据源，在对 PV/NPV 及 BS 实测光谱混合机理分析的基础上，分别采用固定和可变两种端元选择方法，基于混合像元分解原理对研究区 PV/NPV 植被覆盖度进行了遥感反演。通过地面实测数据的验证结果发现，两种方法都有较高的反演精度。另外，GF-1 数据可以满足荒漠化地区稀疏植被遥感监测的需要。

（二）沙化土地分类识别研究

在面向对象方法的基础上，以 2013 年获取的两景 GF-1 卫星数据为数据源，通过 J-M 距离和最终分类精度来确定每种类别对应的最优分割尺度，结合改进的支持向量机的方法对整个浑善达克沙地进行了沙化土地分类识别。分类识别结果总体精度达到了 85.61%，Kappa 系数为 0.8295。

（三）中国干旱区域土地退化监测与评价

（1）提出了一种基于 2 dRUE 的干旱区土地退化监测与评价方法。相比 RUE，2 dRUE 在评价土地退化方面更有优势，其可以弥补 RUE 在不同气候区中无法进行横向比较的问题。2 dRUE 方法使得土地退化监测和评价工作各自独立又相互补充。评价过程是基于降水利用效率（RUE）实现的，RUE 是指在一定时间内净初级生产力（NPP）和降水量（P）的比率。RUE 可以表征土地状态的原因在于，无论在干旱期还是丰雨期，它与土壤为植物提供水分和养分的功能成正比例关系。在去除降雨量年际变化的影响后，土地状态随着生物量的变化而变化，因而可以用于土地状态的监测。

（2）提出了一种耦合植被—气候变化的干旱区土地退化监测与评价方法。研究以内蒙古锡林郭勒盟为研究区，基于 MERIS 数据构建的 2003—2011 年 NPP 数据集，提出了一种基于植被气候响应速率（MNPP）的退化土地遥感识别方法，该方法通过对像元水平 NPP 和 MNPP 的变化趋势，以及 NPP、MNPP 与气候因子变化的响应关系来实现对退化土地的准确遥感判识。该成果可为研究区乃至中国干旱半干旱地区的土地退化监测与评价工作提供科学技术支持。

三、代表性成果

[1] SUN B，WANG Y，LI Z Y，et al. Estimating soil organic carbon density in the otindag sandy land，inner mongolia，China，for modelling spatiotemporal variations and evaluating the influences of human activities [J]. Catena，2019，（179）：85-97.（SCI）

[2] SUN B，LI Z Y，Gao W T，et al. Identification and assessment of the factors driving vegetation degradation/regeneration in drylands using synthetic high spatiotemporal remote sensing data：A case study in Zhenglanqi，Inner Mongolia，China [J]. Ecological indicators，2019（107）：105614.（SCI）

[3] SUN B，GAO W T，ZHAO L C，et al. Extraction of information on trees outside forests based on very high spatial resolution remote sensing images [J]. Forests，2019，10（10）：835.（SCI）

[4] SUN B，LI Z Y，GAO Z H，et al. NPP estimation using time-series GF-1 data in sparse vegetation area-a case study in Zhenglanqi of Innner Monglolia，China [C]. 2018 IEEE International Geoscience and Remote Sensing Symposium.IEEE，3979-3982.（EI）

[5] GABRIEL D B，GAO Z H，Jaime M V，et al. Comparing land degradation and regeneration trends in China drylands[J]. Journal of geodesy and geoinformation science，2020，3（4）：89-97.

[6] LI X S，LI Z Y，JI C C，et al. A 2001–2015 archive of fractional cover of photosynthetic and non-photosynthetic vegetation for Beijing and Tianjin sandstorm source region[J]. Data，2017，2（3）：27.

[7] LI X S，ZHENG G X，WANG J Y，et al.Comparison of methods for estimating fractional cover of photosynthetic and non-photosynthetic vegetation in the otindag sandy land using GF-1 wide-field view data[J]. Remote sensing，2016（8）：800.（SCI）

[8] LI X S，WANG H Y，ZHOU S F，et al. Did ecological engineering projects have a significant effect on large-scale vegetation restoration in Beijing-Tianjin sand source region，China? A remote sensing approach[J]. Chinese geographical sciences，2016，26（2）：216-228.（SCI）

[9]　GAO Z H，SUN B，LI Z Y，et al. Desertification monitoring and assessment：a new remote sensing method[C]. 2016 IEEE International Geoscience and Remote Sensing Symposium. IEEE，3810-3813.（EI）

[10]　高志海，李增元，孙斌，等 . 全球生态环境遥感监测 2019 年度报告：全球土地退化态势 [M].北京：测绘出版社，2020.

[11]　高志海，李增元，滑永春，等 . "一带一路"西亚区生态环境遥感监测 [M].北京：科学出版社，2020.

基于地球观测数据挖掘对中国媒介传播疾病进行监测和预警

（Dragon3－10515；Dragon4－10515）

一、总体介绍

（一）合作目标

"龙计划"三期项目旨在充分利用中欧遥感卫星数据和对地观测技术，准确描述并动态监测适宜于媒介传播疾病生长和扩散的环境特征，进而基于数据挖掘技术建立媒介传播疾病分布的时空模型，探索媒介传播疾病传播区域的识别和早期预警方法。"龙计划"四期继续延续了"基于对地观测数据挖掘技术的中国媒传疾病监测与预警"的研究工作，并组建了 3 个团队分别开展了螺传、蚊传和蜱传疾病的遥感监测研究工作。

（二）研究队伍

在"龙计划"三期项目中，中国科学院空天信息创新研究院（原"中国科学院光电研究院"）李传荣研究院与中国疾病预防控制中心寄生虫病预防控制所周晓农研究员作为中方 PI，与欧方 PI 英国阿尔斯特大学毕亚新教授合作承担了该项目。"龙计划"四期继续开展合作，并同瑞士热带病和公共健康研究所、意大利那不勒斯费德里克二世大学、香港浸会大学等建立国际合作团队（图 1、图 2）。

图 1 三期项目组会议

图 2 四期研究团队合影

（三）重要创新成果概述

面向提升对媒传疾病的遥感监测能力，从其传播媒介入手，融合当前遥感大数据，以及先进的定量遥感信息技术方面的技术积累，并以螺传疾病——血吸虫病、蚊传疾病——疟疾、蜱传疾病——蜱虫病为例，开展定量化的遥感监测方法研究，为媒传疾病遥感大数据防控提供理论基础和技术支持。

二、亮点成果

血吸虫病媒介（钉螺）遥感监测模型研究和应用

（1）研究方法：血吸虫病的流行与其传播媒介——钉螺的分布具有地理一致性，而钉螺的生长受多种环境因素的综合影响，通过遥感技术监测钉螺滋生地环境特征，进而监测钉螺的分布，而钉螺生存环境的复杂性是遥感监测不确定性的重要来源。本研究引入与当前经典数学的确定性相悖的模糊数学方法，表征钉螺与滋生环境特征之间的不确定性复杂关系，开展钉螺滋生与遥感环境因子之间的机理关系——滋生适宜度、模型的定量化表达、模型的适用性等方面研究，以解决遥感监测的不确定性复杂关系问题为核心，构建基于模糊信息论的钉螺遥感监测模型。

（2）成果描述：以中国洞庭湖、高邮湖为例，从不同研究区、不同时间序列、不同遥感数据源的角度，验证了模型的有效性和适用性（图3、图4）。

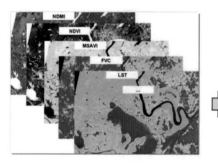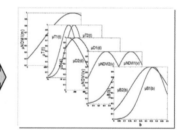

图 3　基于多源遥感数据的洞庭湖君山地区钉螺滋生分布预测

| 1990 年 | 1995 年 | 2000 年 | 2007 年 | 2010 年 |

High :0.1354

Low: 0

图 4　基于多源遥感数据的江苏高邮湖钉螺分布动态监测

三、代表性成果

[1] LIU Z Y，TANG L L，LI C R. Research on dynamic monitoring（1990-2010）of schistosomiasis vector：snail at Xinmin beach，Gaoyou Lake，Jiangsu province，China，2014 MOST-ESA Dragon 3 Mid-Term Results Proceedings，Chengdu，2014.

[2] LIU Z Y, LI CR, TANG L L, et al. Prediction of oncomelania hupensis（vector of schistosomiasis）distribution based on remote sensing data and fuzzyinformation theory[C]. IEEE International geoscience and remote sensing symposium（igarss），milan，2015.

[3] 刘照言. 中欧合作"龙计划"三期成果国际学术研讨会上获得陆地与环境第二专题：城市与自然生态系统分类，最佳墙报论文奖.

定标与验证领域

面向定量遥感的载荷定标与数据质量控制

（ Dragon4-32426 ）

一、总体介绍

（一）合作目标

本项目致力于解决定标与真实性检验（Cal&Val）中一致性的外场测量设备溯源、定标评价标准缺失、提高算法模型精度等技术问题，在对地观测质量保证框架工作组（A Quality Assurance Framework for Earth Observation，QA4 EO）框架下开展遥感数据产品质量分析，以保证多源遥感数据具有一致性和溯源性，推进多领域的定量遥感应用。项目研究将在光学遥感器在轨定标与产品质量溯源、微波遥感仪器定标和产品生成、中国东部 MAXDOAS 基准参考观测、中国地基傅里叶红外光谱仪基准测量的联合优化方面开展。成果有助于"龙计划"框架中相关遥感建模和产品反演，也有利于提升自主辐射定标网络系统（RadCalNet）和 QA4 EO 的实用价值，展示全球 SI 可溯源定标理念的可行性。项目将努力把RadCalNet 提升为用于定标、互定标和产品验证的业务网络，为 GEOSS 系统做贡献。

（二）研究队伍

项目由中国科学院定量遥感信息技术重点实验室主任李传荣研究员牵头，中国科学院定量遥感信息技术重点实验室马灵玲研究员、中国科学院国家空间科学中心董晓龙研究员、中国科学技术大学刘诚教授和中国科学院大气物理所王普才研究员承担 4 个课题研究工作，项目参与人员中高级职称 10 人、中级职称 15 人、研究生 18 人（图 1）。

图1　项目研究团队主要成员合影

（三）重要创新成果概述

完成可溯源至SI的高精度自动辐射定标技术系统，研究成果落地于科技部"国家高分辨遥感综合定标场"（简称"包头场"），纳入国际卫星对地观测委员会（CEOS）全球自主辐射定标场网（RadCalNet），与欧洲空间局共同提供统一质量标准的常态化运行辐射定标产品服务，支持我国高分、资源、天绘、高景、欧比特等多系列高分辨率遥感卫星载荷在轨性能评测。

二、亮点成果

（一）贯通溯源至SI的光学遥感辐射定标传递链路，与欧洲空间局共同开展全球统一质量标准的常态化运行辐射定标产品服务

（1）研究方法：采用高光谱辐时亮度测量技术途径，研制了目标反射光谱连续自动测量技术系统，降低数据光谱维度外推及插值过程对载荷无关定标产品引入的误差；同时针对高光谱探测器工况环境敏感性高的问题，构建了针对高光谱自动观测系统的光谱辐射量值环境温度因子响应校准模型，降低了地面参数时序测量→环境因子校正→光谱维度插值→大气层顶辐射亮度光谱计算→载荷无关辐

射定标产品生产等关键环节的辐射测量误差，逐项量化了实验室→外场→星上整个辐射量值传递链路中各环节的不确定性要素，使地基验证结果溯源至 SI，确保了自主辐射定标结果的精准性、可靠性与溯源性。

（2）成果描述：与欧洲空间局和英国国家物理实验室（NPL）合作，国际首次完成遥感外场辐射定标不确定度传递链路的完整构建实例，在欧洲空间局牵头的国际卫星对地观测委员会（CEOS）全球自主辐射定标场网（RadCalNet）框架下进行了两轮用户测试，实现了国际等效互认的 5% 外场辐射定标精度。在欧洲空间局牵头构建的 RadCalNet 数据中心网站上进行标准辐射定标产品的常态化发布及共享，于 2018 年 10 月正式进入运行阶段，这也是国际首次实现外场辐射定标业务化运行。成果已成功应用于资源系列、高分系列、高景系列等我国高分辨率陆地卫星载荷辐射定标及辐射性能评价（图 2、图 3）。

Welcome to the Radiometric Calibration Network portal

RadCalNet is an initiative of the Working Group on Calibration and Validation of the Committee on Earth Observation Satellites. The RadCalNet service provides satellite operators with SI-traceable Top-of-Atmosphere (TOA) spectrally-resolved reflectances to aid in the post-launch radiometric calibration and validation of optical imaging sensor data. The free and open access service provides a continuously updated archive of TOA reflectances derived over a network of sites, with associated uncertainties, at a 10 nm spectral sampling interval, in the spectral range from 380 nm to 2500 nm and at 30 minute intervals. Each individual site is equipped with automated ground instrumentation in order to provide continuous measurements of both surface reflectance and local environmental/atmospheric conditions needed for the derivation of TOA reflectance values. TOA reflectances provided on this portal are derived from the individual sites surface and atmosphere measurements using a common method through a central processing system. Each member site takes responsibility for the quality assurance of the surface/atmosphere measurements provided and is subject to peer review and rigorous comparison to ensure site-to-site consistency and SI traceability.

Baotou

AIRs site at Baotou, China

Sign In

Contact Admin

（a）RadCalNet 数据中心网站

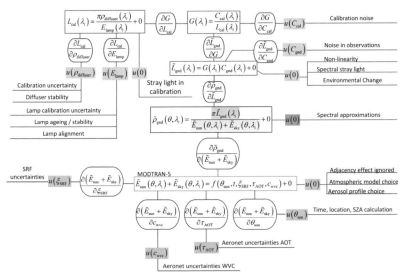

（b）标准化定标产品不确定度分解

图2 全球标准化自主辐射定标产品服务

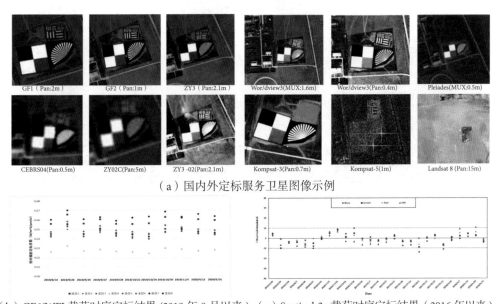

（a）国内外定标服务卫星图像示例

（b）GF6/WFI 载荷时序定标结果 (2019 年 8 月以来) （c）Sentinel-2a 载荷时序定标结果（2016 年以来）

图3 包头场国内外定标卫星示例

（二）发展微波星地定标准溯源模型，提高在轨定标精度

（1）研究方法：针对全球气象和气候研究对微波遥感载荷辐射测量精度不断

提高的要求，以微波黑体理论和辐射基准传递链路为抓手，基于风云三号气象卫星微波湿温探测仪实验室参数实测数据、地面热真空定标过程记录数据和发射后在轨运行观测资料，建立地面—卫星平台微波辐射基准传递和卫星—地面溯源模型，并开展基准传递和溯源过程中的不确定性分析（图4）。

（2）成果描述：微波遥感要测量的物理量就是接收到的亮度温度。项目整合了天线各方面及噪声测量能力和已经到位的标准。通过与 NIST 亮度—温度测量值或标准进行比较，建立可追溯性，通过完善亮度与温度联系起来的基础理论和噪声标准进行测量，针对地面实验室实测参数、热真空定标参数、在轨实测参数进行联合处理，建立可靠的星地耦合参数模型，使得单星定标精度提高 17%，代际间载荷定标精度一致性提高约 11%。

图 4　FY-3 D 微波湿温探测仪

（三）首次基于国产卫星实现了 SO$_2$ 反演，并证实了欧洲空间局官方 SO$_2$ 产品对我国浓度的严重高估

（1）研究方法：为修正 NASA/ESA 官方数据对我国 SO$_2$ 浓度的严重高估，研发了超高光谱载荷的在轨辐射定标算法，重新校正了 TROPOMI 载荷在 312 nm 波长以下的辐射亮度，使得 SO$_2$ 光谱拟合残差从 0.40% ～ 0.92% 降低到 0.07% ～ 0.14%，并在此基础上通过自主算法反演出了 TROPOMI SO$_2$ 结果。

针对高分 5 号卫星上首个用于气态污染物监测的紫外—可见超高光谱载荷

EMI 信噪比低、同步太阳光谱缺失、光谱观测误差确实、光谱扭曲形变等难点，突破了载荷在轨光谱定标、自适应反演配置迭代、太阳参考谱重构等关键技术，研发了从原始超高光谱标定到 SO_2 反演的全套算法。

（2）成果描述：①通过与 12 个月 121 组周平均地基验证数据对比表明，项目发展的自主反演结果的偏差相对于 NASA/ESA TROPOMI 官方产品降低了 41% ～ 123%，相关研究发表在《科学通报》（图 5），其最新的影响因子为 9.511；②研发的原始超高光谱标定到 SO_2 反演的全套算法使得国产 EMI 的最终反演精度达到与国外最新超高光谱卫星载荷相当的水平。对于人为源观测，EMI SO_2 产品与国外最新星载及地面观测结果均表现出良好的时空一致性（$R>0.63$），可用于污染源精准定位和排放清单更新。

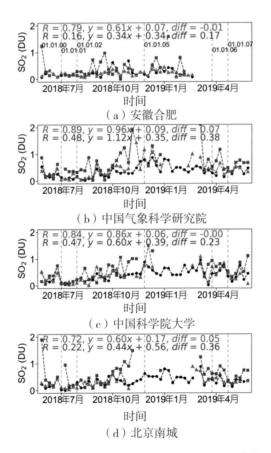

（a）安徽合肥

（b）中国气象科学研究院

（c）中国科学院大学

（d）北京南城

图 5　4 个站点的 SO_2 周平均柱总量时间变化

三、代表性成果

[1] MA L L, ZHAO Y G, EMMA R W, et al. Uncertainty analysis for RadCalNet instrumented test sites using the Baotou sites BTCN and BSCN as examples[J]. Remote sensing, 2020, 12（11）: 1696.（SCI）

[2] GAO C X, LIU Y K, QIU S, et al. Radiometric cross-calibration of GF-4/VNIR sensor with Landsat8/OLI, Sentinel-2/MSI, and Terra/MODIS for monitoring its degradation [J]. IEEE journal of selected topics in applied earth observations and remote sensing, 2020（13）: 2337-2350.（SCI）

[3] GAO C X, LIU Y K, LIU J R, et al. Determination of the key comparison reference value from multiple field calibration of Sentinel-2 B/MSI over the Baotou site [J]. Remote sensing, 2020（12）: 2404.（SCI）

[4] LIU Y K, MA L L, WANG N, et al. On-orbit radiometric calibration of the optical sensors on-board SuperView-1 satellite using three independent methods [J]. Optic express, 2019, 28（8）: 11085-11105.（SCI）

[5] ZHAO Y G, MA L L, LI C R, et al. Radiometric cross-calibration of Landsat-8/OLI and GF-1/PMS sensors using an instrumented sand site[J]. IEEE J-STARS, 2018, 11（10）: 3822-3829.（SCI）

[6] HE J Y, CHEN H N. Atmospheric retrievals and assessment for microwave observations from Chinese FY-3 C Satellite during hurricane matthew[J]. Remote sensing, 2019, 11（8）: 896-912.（SCI）

[7] HE J Y, ZHANG S W, WANG Z Z.Advanced microwave atmospheric sounder（AMAS）channel specifications and T/V calibration results on FY-3 C satellite[J]. IEEE transactions on geoscience and remote sensing, 2015, 53（1）: 481-493.（SCI）

[8] GUO Y, HE J Y. Calibration and validation of Feng Yun-3-D microwave humidity sounder Ⅱ [J]. IEEE geoscience and remote sensing letters, 2019（99）: 1-5.（SCI）

[9] XIA C Z, LIU C, CAI Z N, et al. First sulfur dioxide observations from the environmental trace gases monitoring instrument（EMI）onboard the GeoFen-5 satellite[J]. Science bulletin, 2021, 66（10）: 969-973.（SCI）

[10] SUN Y W，LIU C，MATHIAS P F. Ozone seasonal evolution and photochemical production regime in polluted troposphere in eastern China derived from high resolution FTS observations[J]. Atmospheric chemistry and physics，2018（19）：14569-14583.

[11] WANG T，WANG P，HENDRICK F，et al. Re-examine the APEC blue in Beijing 2014[J]. Journal of atmospheric chemistry，2018（75）：235-246.（SCI）

[12] WANG Y B，HE J Y，CHEN Y D，et al. The potential impact of assimilating synthetic microwave radiances onboard a future geostationary satellite on the prediction of typhoon lekima using the WRF model[J]. Remote sensing，2021, 13(5): 886.（SCI）

[13] WANG T，WANG P，THEYS N，et al . Spatial and temporal changes of SO_2 regimes over China in recent decade and the driving mechanism[J]. Atmospheric chemistry and physics，2018（18）：18063-18078.（SCI）

[14] 夏丛紫，刘诚，蔡兆男，等 . 哨兵 5 号欧洲业务二氧化硫产品在中国的准确性评估 [J]. 科学通报，2020，65（20）：2106-2111.

[15] 何杰颖，张升伟，王婧 . 一种星载微波辐射计专利号：中国，ZL 2016 103714375[P] . 2019-12-24.

[16] 何杰颖，张升伟 . 一种星载微波辐射计的应用数据处理方法专利号: 中国，ZL 20150048243.7 [P]. 2018-10-02.

[17] 何杰颖，张升伟 . 一种星载微波辐射计的偏差校正方法专利号：ZL 2015105 76550.0 [P]. 2018-11-13.

[18] 李传荣，唐伶俐，马灵玲，等 . 空天遥感综合定标系统及其应用 . 中国遥感应用协会，科学技术奖二等奖 .

[19] 马灵玲，Marc Bouvet，中国科学院青年科学家国际合作伙伴奖，2019.

中欧遥感科技合作
"龙计划"文集

土壤水分和雪水 GNSS 遥感数据的标定与验证

（Dragon4-32397）

一、总体介绍

（一）合作目标

进一步发展地基 GNSS 反射和折射测量技术，开展土壤湿度等参数测定的研究，为大尺度水循环的研究提供观测方法和参考数据。

（二）研究队伍（图 1）

杨东凯，教授，北京航空航天大学。

Alain Geiger，教授，瑞士苏黎世联邦理工学院。

朱云龙，讲师，北京航空航天大学。

洪学宝，博士生，北京航空航天大学。

汉牟田，博士生，北京航空航天大学。

图 1　研究人员考察交流

（三）重要创新成果概述

在 GNSS-IR GNSS-R 土壤湿度测定方面开展了大量工作：针对 GNSS-IR 干涉信号特征提取精度不高的问题，提出了高精度干涉信号拟合模型与直反射信号自适应解耦方法；针对 GNSS-R 天线方向性造成的信号功率测量偏差问题，提出了基于最小二乘多项式拟合的信号功率修正方法。

二、亮点成果

（一）一种利用 GNSS 信噪比数据反演土壤湿度的半经验信噪比拟合模型

（1）研究方法：GNSS-IR 土壤湿度测量技术是一种利用 GNSS 直射信号与土壤反射信号间的干涉效应进行土壤湿度测量的技术。GNSS 接收机测得的 GNSS 信号的信噪比是干涉信号功率的一种度量形式，GNSS-IR 技术通过分析 GNSS 信噪比数据变化来反演土壤湿度。针对目前对于信噪比拟合模型研究的不足，本项目提出一个高精度的半经验信噪比拟合模型，其拟合精度更高。该模型建立在 GNSS 信噪比理论模型的基础上，通过将理论模型中代表直射信号功率变化与反射信号功率变化的部分分别使用低阶多项式与高阶多项式进行近似从而构成一个新的拟合模型。

（2）成果描述：通过将该模型与实测载噪比数据进行拟合，可以估计出参与干涉的直射信号功率与反射信号功率，同时还可提取出信噪比数据的振荡频率与初始相位，利用这些观测量可以实现多元化的土壤湿度反演方法。实验结果表明，该拟合模型的拟合优度提高了 45%，反演得到的土壤湿度与实测土壤湿度的相关性提高了 15%（图 2、图 3）。

（二）GNSS 干涉信号信噪比波形自适应重构算法

（1）研究方法：理想情况下，GNSS-IR 干涉信号信噪比随卫星高度角变化表现为具有缓变趋势项的衰减类余弦振荡。其中，趋势项主要由功率相对较强的直射信号主导，而类余弦的衰减振荡项主要由功率相对较小的反射信号主导。当土壤表面较为粗糙时，反射信号的变化将难以预测，最终导致类余弦振荡项发生难以预测的畸变。现有方法通常使用一个幅度恒定的标准余弦函数来描述类余弦振荡项，这将损失波形畸变带来的额外信息量。为了从干涉信号信噪比振荡波

形中精准获取直射信号和反射信号的功率信息，参考自适应滤波原理构建了干涉信号信噪比波形的自适应重构算法，并利用实际观测数据对方法有效性进行了验证（图4）。

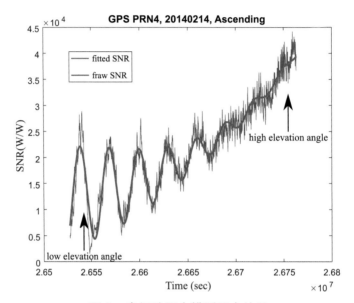

图2　半经验拟合模型拟合结果

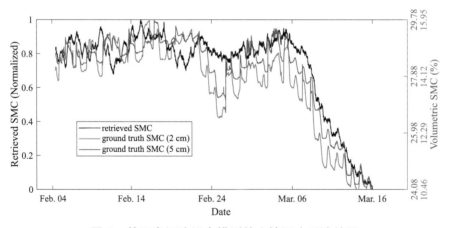

图3　基于半经验拟合模型的土壤湿度反演结果

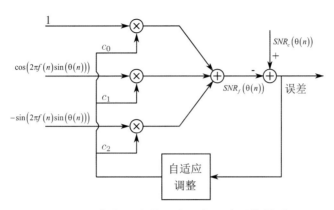

图 4　干涉信号信噪比波形自适应重构算法

（2）成果描述：通过将该算法应用于 GNSS 干涉信号信噪比数据，可以提取参与干涉的直射信号功率与反射信号功率、干涉波形的振荡频率与初始相位。实验结果表明：利用该重构算法获得的反射系数观测量与土壤湿度相关系数达到 0.70，土壤湿度反演精度为 0.023 cm³/cm³，两项技术指标较传统方法所得结果分别提升了 55% 和 21%。

（三）GNSS 直反信号功率振荡偏差的多项式拟合修正方法

（1）研究方法：GNSS-R 技术采用两副天线分别接收直射信号和反射信号。然而实际天线不仅可以接收目标信号，还可以接收直射或反射干扰信号，造成直反信号功率测量偏差，影响土壤湿度反演性能。本研究通过对天线技术指标的调研，明确了接收信号建模应考虑天线同极化和交叉极化方向性，在此基础上建立了实际天线接收信号模型及其相关功率表达，分析了天线方向性造成的直反信号功率测量偏差，针对其中的振荡偏差提出了基于最小二乘多项式拟合的直反信号相关功率修正方法，进而开展了地基观测实验，对偏差存在性和方法有效性进行了验证（图 5）。

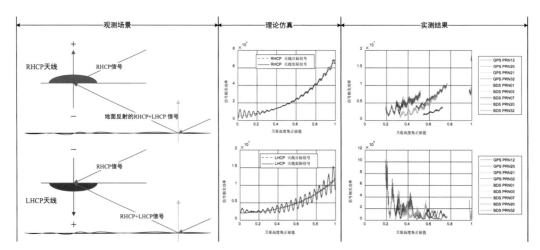

图5　天线方向性造成的信号功率测量偏差

（2）成果描述：本研究建立了地基 GNSS-R 观测中实际天线接收信号模型，分析了天线方向性造成的信号功率测量偏差，相关内容可为 GNSS-R 信号接收天线设计、信号功率修正方法研究、土壤湿度反演性能分析提供参考。地基实验结果表明，修正后的观测数据有效性和反演结果准确性相比于修正前分别提升了 27% 和 30%。

（四）地基 GNSS 直反信号伪干涉技术

（1）研究方法：GNSS-IR 技术利用直反信号干涉效应进行反射面参数反演，干涉信号信噪比波形的相位、频率在土壤湿度和积雪厚度反演方面具有较大的应用潜力。但是，干涉信号信噪比数据有效性受天线极化方式影响，通常仅低卫星高度角数据有效，且数据质量不高，制约了参数反演性能的提升。针对这一问题，本研究提出一种直反信号伪干涉技术（GNSS-PIR），该技术参考通信领域中的信号分集接收方法，通过 GNSS-R 直反信号分立接收和合路来构建类似于 GNSS-IR 的具有类余弦振荡特性的信噪比波形，提升振荡波形的有效性和波形质量，可为土壤湿度、积雪厚度等参数反演提供高质量的相位、频率特征观测量（图6）。

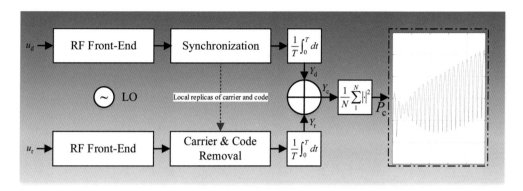

图 6　地基直反信号伪干涉波形构建技术

（2）成果描述：本研究提出了一种地基 GNSS 直反信号伪干涉技术，建立了伪干涉信号模型，给出了其信噪比表达，讨论了该技术对振荡波形质量的提升效果，并对其土壤湿度反演性能进行了仿真分析。结果表明，利用伪干涉信号信噪比波形幅度和相位反演得到的土壤湿度精确度优于干涉信号所得结果。

三、代表性成果

[1]　HAN M T，ZHU Y l，YANG D K，et al . Soil moisture monitoring using GNSS interference signal：Proposing a signal reconstruction method[J]. Remote sensing letters，2020，11（4）：373-382.

[2]　HAN M T，ZHU Y l，YANG D K，et al .A semi-empirical SNR model for soil moisture retrieval using GNSS snr data[J]. Remote sensing，2018，10（2）.

[3]　HONG X B，ZHANG B，ALAIN G，et al . GNSS pseudo interference reflectometry for ground-based soil moisture remote sensing：Theory and simulations[J]. IEEE Geoscience and remote sensing letters，2021（99）：1-5.

[4]　洪学宝，张波，杨东凯，等 . 地基 GNSS-R 功率测量应用中的天线方向性影响分析 [J]. 北京理工大学学报，2021，41（6）：658-664.

[5]　洪学宝，张波，阮宏梁，等 . 基于相关功率修正的地基 GNSS-R 土壤湿度反演 [J]. 北京航空航天大学学报，2021，47（8）：1558-1564.

[6]　杨东凯，王峰 . GNSS 反射信号海洋遥感方法及应用 [M]. 北京：科学出版社，2020.

中欧遥感科技合作"龙计划"文集

感想趣事篇

结缘"龙计划"，不负韶华

廖明生

（武汉大学　教授）

一、结缘

2003 年 10 月我在北京出席一个国际学术研讨会，会议快结束时接到国家遥感中心的电话，通知 10 月 20 日到方正大厦参加关于国际合作的会议。后来才知道自己有幸代表武汉大学测绘遥感信息工程国家重点实验室参加"龙计划"的第一次工作会。

我的博士论文是关于雷达干涉测量数据处理的，之后又到香港中文大学林珲教授的实验室沉淀了 2 年多，对于该领域的最新发展方向"永久散射体干涉测量"有深入的了解和迫切的期待。因此，在欧洲空间局提供的备选课题和合作伙伴名单中，很快选中与意大利米兰理工大学共同开展"地形测量（Topographic Measurement）"主题的合作研究，协调的过程比较顺利。最后确定由李德仁院士和 Fabio Rocca 教授分别出任中欧双方的责任科学家，我则担任该主题的联络人并负责中方具体的研究工作。

工作会第二天，陪同欧洲空间局对地观测中心高层 Stephen Briggs 先生到我们的实验室访问。访问期间，Briggs 先生强烈建议我去意大利参加 12 月初举行的欧洲空间局 InSAR 技术研讨会 Fringe2003，并与欧方合作伙伴讨论项目具体安排。这个建议当即得到了李德仁院士的支持。Rocca 教授得知我们的计划后，热情地邀请我顺访米兰理工大学。围绕"龙计划"的一系列工作就这样紧锣密鼓地展开了，一直到 2004 年 4 月厦门召开启动会之后才稍有喘息的机会。

匆匆参加第一次工作会之后的 16 年来，我的学术生涯就和"龙计划"紧紧地联系在一起了。说起与"龙计划"的缘分，我总会想起那句广为流传的歌词"只是因为在人群中多看了你一眼，再也没能忘掉你容颜"。

二、坚守

我们团队加入"龙计划"后就一直坚守其中，从第一期到现在的第四期，还将继续参与第五期。之所以没有离开，我觉得主要有两个方面的原因。

一方面是这个国际合作平台实实在在地提升了我们的研究起点，拓宽了视野。不断地感受到来自合作伙伴的压力，不断地交流和思想碰撞也让我们受益良多。另一方面是两位老一辈科学家的执着和不断的鼓励。李德仁院士高瞻远瞩，身体力行，从各个层面支持我们开展相关工作。以 70 多岁的高龄仍然坚持参加每年的研讨会，并多次代表中方做大会主题报告。

欧方的 Rocca 教授是国际上久负盛名的雷达遥感专家，他和 Prati Claudio 教授、Ferretti Alessandro 博士等 3 人在 2000 年前后提出了雷达干涉测量领域著名的永久散射体（PS-InSAR）方法，至今仍然引领雷达干涉测量领域的前沿研究，2012 年获得意大利总统颁发的 ENI 成就奖（国际地球物理学界最高奖）。Rocca 教授治学严谨，思想活跃，也是非常有性格的意大利老先生。

第一次见到欧方项目负责人 Rocca 教授是在 2003 年 12 月初的欧洲空间局 InSAR 技术研讨会 Fringe2003 期间。他给我的第一印象就是快言快语，一口意大利英语而且语速极快，是一个典型的工作狂。每次见面提得最多的要求就是"team meeting"。2005 年年底第一次到访实验室，与我们课题组的研究生逐一交流，然后参加我们的组会，点评每一个报告，帮助我们消化理解 PS-InSAR 原理。每次邀请他在武汉转一转，看看市容与风景，都被他婉拒。

老一辈科学家的执着和坚持，激励着我们 16 年来一直坚守在"龙计划"的合作项目中砥砺前行。鉴于 Rocca 教授在中欧国际合作中的突出贡献和中欧双方的共同努力下取得的丰硕成果，Rocca 教授获得 2013 年度中华人民共和国国际科学技术合作奖（图 1），习近平主席在 2014 年 1 月召开的全国科技大会上亲自为他颁奖。Rocca 教授在获奖感言中说道："我非常喜欢中国，喜欢与专注而投入的中国科学家合作。我打算尽我所能与他们长期合作。"

图 1　与 Rocca 教授出席 2013 年度国家科学技术奖励大会

三、成长

"龙计划"基于"政府搭台、自主参与、自选合作"的国际科技合作机制，开展了广泛深入的合作研究、技术培训、学术交流及数据共享等工作。我们的雷达干涉测量团队依托"龙计划"这个大平台不断成长，有效促进了中欧双方研究水平的提高。如果说在第一期项目中，我们主要是努力跟踪国际前沿，第二期则竭力追赶前沿，使得我们课题组在雷达干涉测量领域的研究水平迅速提高。从第三期到第四期我们逐步站到了国际前沿，取得了一批国际前沿性成果。

例如，Fringe 是欧洲空间局主办的系列国际会议，是雷达干涉技术领域最高水平的专题研讨会之一，对于论文投稿的评审非常严格。2003 年我匆忙之中第一次出席这个会议只是观摩学习，再次出席 Fringe 2005 时做了 1 个口头报告，介绍我们"地形测量"主题在上海监测地表沉降的代表性成果。最近的一次 Fringe2017，我们团队的 5 名博士研究生被组委会安排做了 6 个口头报告（其中 1 名研究生做了 2 个口头报告），内容不仅涉及地表沉降，还包括滑坡监测、基础设施安全和 DEM 提取等多个方面的研究成果，得到国内外同行的高度认可和热烈反响（图 2）。

图2 出席"龙计划"一期2005年度研讨会

（注：左起：Rocca教授，李德仁院士，廖明生教授）

在学术研究方面，我们的团队在遥感领域和摄影测量领域的顶级期刊上都发表了许多论文。在工程应用中，持之以恒地在上海开展年度地表沉降监测工作，近几年又扩展到应用雷达干涉测量技术对8类重要基础设施进行形变监测。目前，我们不断拓展相关技术在地质灾害隐患排查和重要基础设施安全监测方面的应用。例如，应用哨兵1号数据进行南水北调工程基础设施的安全评估工作等，在国民经济和社会发展的不同领域不断地深化和扩展国际合作的成果。

凭借在"龙计划"合作中取得的成果和良好口碑，我们也得到德国宇航局（DLR）、日本宇航事业（JAXA）等机构类似的合作项目支持，与德国慕尼黑工业大学、斯图加特大学和荷兰代尔夫特理工大学等开展了合作研究。

在团队建设和人才培养方面，我们也收获颇丰。Rocca教授在2014年年初接受 China Daily 采访时特别谈道："我必须说，中国的科学家头脑聪慧，对工作投入且无私，他们的发展与进步不可限量。他们中不少人因为2004年与欧洲空间局的合作，才开始在雷达卫星领域开展研究。但是，现在在所有相关方法的研究上，他们已经走在了世界前列，在最顶尖的行业期刊上，每周都能看到他们发表的论文。因此，我非常高兴我能够与他们开展合作。"

实际上，不仅仅是一些外在的指标上，"龙计划"对于我们的影响是非常全面、深刻和长久的。2018年"龙计划"年会期间，我写下了这么几句话来勉励自己："忆往昔峥嵘岁月，看今日硕果累累，赞团队桃李芬芳，瞻前景继续前行。"

"龙计划"诞生前的一些回忆

李纪人

（中国水利水电科学研究院　教授级高级工程师）

　　1987 年，我在法国最后半年期间，前后几次到位于图卢兹的欧洲空间局考察学习，记得第一次有中国水利方面的人来，欧洲空间中心表现得格外热情，由此有了与欧洲空间局一些工作人员的接触。此后，从原来主要与日本交流，又增加了与欧洲，如法国和德国的交流。表面上看，这似乎与本文的主题无关，但实际上有很大关系，各个领域与欧洲遥感界先期的零星合作为汇成后来的"龙计划"奠定了基础，相互的合作交流使大家看到和认识到了更广泛的全面合作与交流的必要性和可能性。

　　1997 年，由于"九五"重中之重科技攻关项目的原因，我调到了北京，因此，有机会参加 1997 年国家遥感中心与欧洲空间局合作事宜的讨论。当时主持此事的是郑立中主任，印象中主要参加人员有李增元和当时还在地面站的唐伶俐等人。记得当时谈得还比较泛，比较原则，洪涝灾害遥感监测的事宜是纳入了合作范围的，欧洲空间局答应在需要时可以提供遥感影像资料，但如何提供等具体事宜并没有讨论，也没有明确，因此，这一合作渠道并没有纳入当时实际可行的运行计划。

　　1998 年我国长江和松花江相继发生流域性特大洪水，遥感对洪涝灾害淹没范围的监测一直是最有效的手段，我们也参加了国家防汛抗旱总指挥部办公室每天的防汛会商，对于淹没范围的监测是各级领导十分关注的，压力相当大。当时有"八五"期间研究的机—星—地航空遥感实时传输系统，关键时刻也应用过。但南北方整个灾害延续的时间较长，淹没范围大，当时还没有无人机，频繁的日常监测最好的手段还是以航天遥感为首。由于受汛期天气条件的限制，当时最需要也

最缺乏的是雷达影像。在长江洪水发展到全流域时，我们曾用过 Radarsat-1，覆盖范围确实大，但在没有专门经费支持的情况下，19 500 元一景的价格决定了我们不可能采用它来进行连续和动态的监测，在合适的天气条件下 NOAA 还是不可避免的，也是无奈的主要手段。正在这个关键时刻，欧洲空间局突然派人来了。我刚接到国家遥感中心的通知，欧方的安迪（Andy Zumda）和沃德（Mike Wooding）就出现在我们的办公室里了。没有寒暄，直入正题，最主要的就是立即安排 ERS-1 的监测和接收计划，我们介绍了需要监测的流域位置，他们直接与欧洲空间局总部联系，很快我们就从地面站拿到了嫩江流域的图像，在 6 小时后将监测结果提交给了国家防汛抗旱总指挥部办公室和国家遥感中心，并通过国家遥感中心送达国务院办公厅。安迪和沃德帮我们建立了直接联系，在我们那儿待了一周，后续 ERS-1 遥感影像的申请和接收都很顺利，看到我们在按部就班和紧张的工作，他们俩就到中国林业科学研究院去处理他们之间的合作事务了。安迪自 2004 年起负责欧方"龙计划"项目管理工作至今。沃德一直在英国经营自己的遥感应用公司，前几年"龙计划"开会时他也来与我们见了面，大家都很兴奋地回忆了这段往事，这次高效率的合作应该说对后来"龙计划"的诞生是有促进作用的，在庆祝"龙计划" 15 周年之际特在此与大家分享。

开放共享平台，提供广阔的合作空间

庞 勇

（中国林业科学研究院资源信息研究所　研究员）

我从 1997 年到中国林业科学研究院（简称"中国林科院"）跟随李增元老师读硕士开始，就接触了来自英国的 Wooding 博士、Zumda 博士，和课题组的车学俭、白黎娜、谭炳香、陈尔学等老师一起，接触欧洲遥感卫星 ERS-1/2 搭载的合成孔径雷达（SAR）的强度数据处理、干涉测量处理。从接触 SAR 的懵懵懂懂中拉开了我参与中欧遥感合作的序曲。每次 Wooding 等人都会来中国林科院资源信息研究所、中国农业科学院农业资源与农业区划研究所、中国水利水电科学研究院遥感中心，他们带着数据磁带、欧洲空间局（ESA）的会议文集、光盘等材料，交流 ESA 卫星数据资源的特点和在林业、农业、水资源等方面的项目情况及研究进展。这些交流为"龙计划"做了很好的铺垫。

真正开始"龙计划"的工作是 2003 年开始撰写项目申请的建议书，开始与德国 Jena 大学的 Schmullius 教授用邮件交流，讨论拟开展的研究内容和实施计划。能与国际知名的专家直接交流，我当时的心情很是激动。Schmullius 教授当时已经主持完成了 ESA 的 SIBERIA 一期项目，正在开始着手实施 SIBERIA 二期项目。在 SIBERIA-I 项目中，Schmullius 教授牵头组织德国、英国、法国、奥地利、瑞典等国的知名教授一起，极大地带动了 SAR 干涉测量技术的林业应用，发展了基于干涉相干性和强度结合的大区域森林蓄积量制图技术。我从硕士论文后期到工作开始阶段都在一直关注他们团队的工作，对我的启发很多。"龙计划"提供了一个与这些知名科学家一起交流、共同工作的机会。我们结合 SIBERIA 项目的理念，和李增元老师一起共同设计了"'龙计划'森林制图项目"，旨在利用 ESA 的

ERS-1/2 Tandem SAR 观测数据在中国东北开展森林蓄积量制图工作。

"龙计划"森林制图项目获批后，我和陈尔学老师一起去位于意大利 Frascati 的欧洲空间局 ESRIN 交流学习 3 个月。当时在那里查阅资料、获取数据要比在中国林科院时方便很多，我们早晨早早到实验室工作、学习，下午待到最后清洁工来打扫卫生才离开。在 ESRIN 期间，听取知名专家的报告、参加专题研讨会的机会很多，与一些以前读过的文献的作者有了当面交流讨论的机会。3 个月的时间，我选择大兴安岭和长白山林区，成功实验了 ERS-1/2 Tandem SAR 数据进行森林蓄积量估计，对项目的技术路线进行了实际演练。访问期间，Wooding 博士、Schmullius 教授也趁到 ESRIN 交流之机安排时间进行了讨论，解决了我数据处理中的一些疑问，也带给我他乡遇故知之感。

在 ESRIN 交流学习期间，适逢"龙计划"启动会召开，前前后后我们和欧方首席科学家 Desnos 博士一起，与中方的李增元老师、国家遥感中心代表进行了多次电话交流，对"龙计划"启动会的一些具体问题进行了沟通协调。能够亲身参与到"龙计划"启动的一些幕后准备、策划工作中，为这一深刻影响了中欧遥感合作格局的计划贡献智慧，很是荣幸。

在之后的项目执行中，中国林科院的项目团队与欧方团队积极交流合作，互派人员交流访问，共同开展数据处理和外业调查工作，推进了项目进展，也加深了双方的友谊，不断深化合作，在几期"龙计划"项目中，合作的内容和研究范围不断深入和扩大。2011 年 Schmullius 教授还获得了德国总理奖，我也应邀参加了其获奖的庆祝宴会。

"龙计划"平台给我提供了交流学习的国际平台，与本领域世界一流科学家合作，雷达遥感专业技能和森林信号分析能力得到很大提高；锻炼了我执行国际项目的组织协调能力，与多国、多种文化背景的科研人员一起努力将林业遥感的工作做好，这也使得我在后来执行的东南亚林业国际合作项目中更加自信；在中欧科学家身上，我学到了分析问题、解决问题、不断拓展科研方向的能力，"龙计划"森林制图项目的好几位欧方科学家现在都是 ESA BIOMASS 卫星计划的核心成员，我也在激光雷达森林生物量估计方面做出了一些成绩，大家从不同的方向为遥感估计森林生物量努力，未来也有了更广阔的合作空间。

"龙计划"使我成长

李晓明

（中国科学院空天信息创新研究院　研究员）

2004 年是中欧"龙计划"项目的元年。本人自 2004 年就跟随导师贺明霞教授参与到"龙计划"一期项目中，在德国宇航中心（DLR）学习、工作期间，作为 Co-PI 参加了"龙计划"二期、三期项目，回国工作后继续积极参与"龙计划"项目。一路走来，从一名研究生成长为"龙计划"项目的 Lead Investigator。"龙计划"项目一直伴随着我在科研道路上的成长和发展，是它为我打开了一扇通往卫星遥感领域研究国际舞台的大门。

本人 2002 年考入中国海洋大学海洋遥感教育部重点实验室，时任主任贺明霞教授是我国卫星海洋遥感研究的开拓者之一，是我的导师。贺老师对于国际合作具有非常高的热情，有力地推动了我国卫星海洋遥感事业与国际研究的接轨。当"龙计划"项目辅以推出，贺老师就与卫星海洋遥感研究领域欧洲知名科学家共同开展了合作研究。本人非常有幸能够作为一名初出茅庐的硕士研究生参与到"龙计划"项目中。通过参加"龙计划"一期项目，了解了国际研究前沿，结识了国内外诸多知名学者，也与同龄人结下了深厚的友谊。德国宇航中心的 Susanne Lehner 博士是"龙计划"二期项目中贺老师的欧方合作伙伴。Susanne Lehner 博士对华非常友好，对于中欧合作也非常热心。正是在"龙计划"的合作框架下，经贺老师推荐，本人有幸能够获得德国宇航中心的资助，2006 年赴德留学，攻读博士研究生学位。当时尚未有国家留学基金委大规模的公派留学计划，因此，能够得到欧方资助留学的机会就显得弥足珍贵。

从 2006 年 6 月至 2014 年 1 月，我一直在德国宇航中心学习、工作，也正是这

短暂而又漫长的 8 年时间，我的综合科研能力得到了显著提升。这期间，我和导师 Susanne Lehner 博士深度参与到"龙计划"二期、三期项目中，与中国学者、欧洲学者都建立了良好的合作关系。时至今日，本人的国际合作关系大部分都是在德国学习和工作期间建立的，这其中又有相当一部分是通过"龙计划"项目所形成的。2014 年回国后，我接过前辈们的"接力棒"，成为"龙计划"项目四期的 Lead Investigator，继续开展与中欧科学家在卫星海洋遥感领域的合作。

可以说，如果没有"龙计划"项目，难以想象我的成长和发展会是怎样一个情景。当回想过去近 20 年的科研经历，才能真正体会到国际舞台对于一名青年科学家的意义，才能真正意识到"龙计划"项目对于我国卫星遥感领域国际化人才培养起到了多么重要的作用，不夸张地讲，"龙计划"项目在我国一代卫星遥感青年人才的成长历程中占据着举足轻重的地位。

借此机会，再次感谢"龙计划"为我提供的广阔国际舞台，对时任中国科技部部长徐冠华、欧洲空间局主席 Dordain 这两位中欧"龙计划"国际合作项目的推动者致以崇高的敬意，对李增元研究员、高志海研究员两位中方老师 15 年来坚持不懈地推动和组织"龙计划"项目致以最衷心的感谢。

对 "龙计划" 合作计划的若干认识

杜培军

（南京大学 教授）

"龙计划" 作为地球观测与遥感领域中欧长期合作的项目，取得了诸多标志性的成果，推进了中欧遥感科技创新与人才培养。作为一名城市遥感领域的科研工作者，本人从 2008 年开始，参加了 "龙计划" 二期项目 Satellite Monitoring of Urbanization in China for Sustainable Development（服务可持续发展的中国城市化卫星监测）、三期项目 Multi-temporal Multi-sensor Analysis of Urban Agglomeration and Climate Impact in China for Sustainable Development（为可持续发展服务的中国城市化研究及其对气候的影响）和四期项目 EO Based Urban Services for Smart Cities and Sustainable Urbanization（基于地球观测的城市服务：智慧城市和可持续城镇化）。在项目合作过程中，与欧方合作者瑞典 Royal Institute of Technology 的 Yifang Ban 教授、意大利 University of Pavia 的 Paolo Gamba 教授和中方参加人员协同攻关，在推进中国、欧洲空间局卫星遥感数据处理与城市应用方面开展了系统的研究。通过参加 "龙计划" 项目的研究，本人有一些感受和认识，特与同行专家分享如下。

加深了解，促进合作。通过项目合作，本人所在的南京大学、中国矿业大学课题组和 Yifang Ban 教授、Paolo Gamba 教授团队建立了深厚的友谊，在合作过程中对各团队的研究方向、优势领域有了深入的了解，在此基础上深化了相关合作。项目实施过程中，合作各方多次互访，我前往瑞典、意大利介绍中国遥感数据源及应用进展，国外合作者多次来南京大学交流访问，Paolo Gamba 教授作为外聘专家参加的国家自然科学基金项目获得批准。"龙计划" 合作为推进更深入、更全

面的科研合作奠定了坚实的基础。

协同研发，拓展领域。在参加"龙计划"项目之前，我的研究主要集中于光学遥感图像处理与城市应用方面，且使用的数据以美国陆地卫星系列数据为主。参加"龙计划"项目之后，使用的数据源逐步过渡到欧洲空间局相关数据，特别是近年来哨兵数据的广泛应用。另外，课题组逐步开展了SAR数据处理与城市应用的研究，充分借鉴欧洲合作者的成果与经验，拓展了SAR、光学与SAR融合等方向。"龙计划"项目的开展为参与人员拓展和丰富研究领域提供了良好的平台。

学科交叉，共同发展。"龙计划"项目的研究主题从大气、陆地、海洋、水资源环境、极地、灾害到人类活动观测，形成了对地球系统、人地系统的全覆盖，每年参加"龙计划"成果交流会，都能在多学科交叉报告中学习到新的知识，对于拓展参与人员的学术视野具有重要作用，各期的研究主题不断深化就是这一模式的直接影响。"龙计划"项目以地球系统科学的模式，为参加人员拓展视野、开拓新方向提供了有力的支撑。

交流文化，培养人才。"龙计划"项目参与国家多、多领域专家多，且每年学术交流会议都在中国、欧洲各国具有重要历史文化特点的地方召开，参加"龙计划"项目不仅在学术方面得以提升，而且通过在不同国家、地区的实地考察及与各国学者的深入交流，加强了文化交流。在交流与合作的过程中，进一步在人才培养方面取得了丰硕的成果。例如，本人在参加"龙计划"项目过程中，研究能力、外语交流水平等得到进一步提升，而且与欧方参加者 Paolo Gamba 教授联合培养了刘培、阿里木·赛买提、夏俊士等多名优秀博士生，这些同学在参加项目期间先后访问 University of Pavia，联合撰写合作论文，在国际会议上对合作成果进行报告交流，目前已经成为各单位的研究骨干。"龙计划"项目搭建了文化交流和人才培养的桥梁，实现了科学、文化和友谊的有机结合。

面向未来，中国、欧洲空间局都将有更多的遥感卫星发射，数据源将更为丰富，我相信在中欧科学家的联合努力下，"龙计划"合作项目必然将迈上新的台阶，成为国际对地观测与遥感领域科技合作的一个典范。

我与"龙计划"的不解之缘

孙　斌

（中国林业科学研究院资源信息研究所　副研究员）

2012 年 6 月，"龙计划"二期总结暨三期启动会在北京召开，作为一名硕士一年级小白，有幸参加了此次盛会。这是我第一次参加大型的国际会议，第一次尝试与如此多的外国专家用英文交流，也是第一次服务到国际会议的组织工作中。伴随着无数个第一次，我从此与"龙计划"项目结下了不解之缘。

"龙计划"于我而言是非常有影响的一项科研活动，正是由于这个项目接触到西班牙科学院干旱区研究所的 Gabriel del Barrio 团队，逐步开始了长时间序列土地退化 / 荒漠化遥感监测与评价方面的合作研究工作。每年的"龙计划"年会为大家提供面对面讨论交流的机会，除此之外，双方团队还开展了联合野外考察、共同发表学术论文等学术活动，增进学术思想碰撞的同时还建立了浓厚的友谊。从 2012 年开始，与 Gabriel 教授团队的合作交流已经持续了 7 年，随着"龙计划"五期的到来，合作还将继续深入。

为了有效促进中欧双方合作项目的顺利开展，在"龙计划"项目实施中，中方每年选派两名青年学者到 ESRIN 开展访问交流。2018 年 9 月至 2019 年 9 月，在"龙计划"合作框架下，我有幸赴 ESRIN 开展为期 1 年的合作研究，研究内容是"基于中欧对地观测数据的干旱地区植被地上生物量遥感估算研究"。回顾这段访问经历，主要感受包括以下几个方面。

（1）以 Sentinel 数据应用为契机，拓展了业务合作交流

ESRIN 是 ESA 的下属机构之一，负责管理 ESA 地球观测卫星的运行、开发及科学创新研究工作。在 ESRIN 访问期间，我被分配到科学数据应用部。通过

与 SNAP 软件工程师及数据接收与处理人员的合作交流，熟悉了 Sentinel-1/2/3 等遥感数据的图像处理及常用的数据分析工作。由于研究领域与关注点相近，访问期间我与 ESRIN 创新实验室的 Patrick Griffiths 教授建立了初步合作意向，Patrick Griffiths 毕业于德国柏林洪堡大学，是草地遥感监测领域的专家，在 *RSE*、*ISPRS J PHOTOGRAMM* 等遥感 Top 期刊发表了大量的学术论文。我们计划在"龙计划"五期合作中，与其开展草地生态系统监测与评价方面的合作研究，拓展目前项目组在"龙计划"合作中的研究范围与方向。

（2）学术交流活动丰富多彩

ESRIN 经常举办与 Sentinel 卫星数据应用相关的学术会议，几乎每月都有大气、海洋和陆地等领域的数据应用研讨会。积极参加这些研讨会拓宽了我们的知识面，加强了与欧洲和国际同行之间的学术联系。通过及时与同行交流讨论，为解决平时遇到的问题提供了新的思路。例如，2018 年 11 月，我参加了欧洲空间局一年一度的创新实验室 Φ-week 2018 活动，与乌克兰的同行开展了基于深度学习的土地退化遥感评价及联合国 SDGs 目标遥感指标构建等领域的交流。2019 年 5 月，参加了 ESA 在米兰举办的 3 年一次的 Living Planet Symposium，针对在 ESRIN 访问期间的研究成果做了口头报告，与欧美同行开展了讨论。

（3）感受欧洲不同文化，收获友情

ESRIN 聚集了来自欧洲 27 个国家的研究人员，每年都会为欧洲的青年学者提供 3～24 个月的资助，让他们到 ESRIN 访问并开展合作研究。借助这个平台，我们结识了遥感领域不同方向的青年科研人员。ESRIN 有青年学者联合会，青年学者在两周一次的 Coffee talk 活动中轮流介绍自己的研究内容与进展，通过大家聊天讨论，在增进感情的同时还促进了研究内容的思想碰撞与取长补短。每半年 ESA 会举办一次新进青年学者报告会，3 月刚结束了第 15 届报告会，主会场在 ESRIN，ESA 其他如 ESTEC、ECSAT、HQ M 等单位则通过视频连线方式参加。在每次有小伙伴要离开的时候，ESRIN 青年联合会都会号召大家一起为他们准备离别赠言与照片，然后在咖啡吧为他们送别。通过 ESA 和 ESRIN 组织的一系列交流活动，我不仅收获了知识还收获了友情，在以后的科学研究中保持联系，促进了合作交流。"读万卷书不如行万里路"，在充实的科研工作之余，我们也在学习和感受着意大利与欧洲各个国家的悠久历史与多彩文化。

（4）信息化水平高，管理高效

ESRIN 拥有工作人员 500 余名，是 ESA 最大的分支机构。ESA 信息化建设与各司其职也给我留下了很深的印象。ESA 的所有职工都有一个唯一的编码和卡片，以及一个条形付款码。例如，文档打印，在本地 PC 选取打印后，可以通过刷卡登录在 ESA 位于西班牙、英国、法国、意大利等各分支机构的任意一台打印机，将其打印出来。ESRIN 注重个人隐私及工作机密管理，通过管理部门设定的员工角色及安全等级，凭借职工卡片可进入相应等级的区域，对于个人的工作电脑，个人需要申请才可安装各种软件，这些做法都有效避免了信息的泄露与传播。

ESRIN 部门众多，专人专事的高效管理方式给我留下了深刻的印象。例如，移动工位，后勤部门会提前 3 天与你联系并确认时间，创建任务。之后，你只需收拾好自己的东西，就有专门的工人将你的个人物品及办公用品搬到另一个位置。然后，IT 部门会负责电脑电话安装测试等工作。最后，完成所有任务后，后勤部门会再次与你联系，确认各项中间过程有无差错及满意程度等。整个工位调整时间不会超过半小时，极大地节约了科研人员的工作时间。

最后，感谢国家遥感中心和欧洲空间局搭建的"龙计划"合作平台，其良好的国际合作环境为我们年轻学者的成长创造了有利条件。感谢我的两位导师李增元研究员和高志海研究员为我参与"龙计划"项目合作研究和赴 ESRIN 访问交流提供的支持与帮助。感谢 Eric、Andy 为我在 ESRIN 学习和生活等方面提供的无微不至的关照。对于近 1 年在异国他乡的求学经历，我想用前几日偶然在《神州学人》杂志中看到的一句话作为最后总结：我们出国留学，会见识到这个世界的繁荣美丽，也会体会到生命的艰辛与无常，但我觉得还是应该趁着年轻出来看看。

"龙计划" 使我各方面能力得到提升

阿里木

（中国科学院新疆生态与地理研究所　副研究员）

　　"龙计划"是中国科技部与欧洲空间局在对地观测领域的重大国际科技合作计划，目的是联合中欧知名遥感专家开展合作研究，促进遥感技术应用水平的提高和中欧遥感科技创新与青年人才的培养。作为一名城市遥感领域的青年科研工作者，本人在攻读硕士、博士研究生期间先后参与了由我的导师杜培军教授主持的"龙计划"二期、三期项目，并在项目支持下参加了"龙计划"项目二期、三期陆地遥感高级培训班。通过参加"龙计划"项目的研究，个人在专业研究能力、外语学术交流水平、国际合作研究能力等方面得到了显著提升，影响至今。

　　在中国矿业大学（徐州）读硕士研究生时，在导师杜培军教授主持的"龙计划"二期项目的资助下参与了由中国科学院寒区旱区环境与工程研究所承办的 2010 年"龙计划"二期项目陆地遥感高级培训班，第一次对遥感这一门学科有了系统、全面、深刻的认识，认清了自己在专业研究、英语交流上的差距，确定了下一步要努力的重点与方向。

　　在南京大学攻读博士研究生时，在导师杜培军教授主持的"龙计划"三期项目的资助下参与了由中国科学院电子学研究所承办的 2012 年"龙计划"三期项目陆地遥感高级培训班，学习了 SAR、PolSAR 数据基本处理流程在城市、灾害研究中的应用，熟悉了 ESA SNAP、PolSARPro 等软件。首次结识了意大利 Pavia 大学的 Paolo Gamba 教授，并在后期由导师杜培军教授主持的项目的资助下于 2014 年 3—9 月访问意大利 Pavia 大学 Paolo Gamba 教授课题组，期间联合撰写发表多篇 SCI 论文，直接助我获得博士研究生国家奖学金、优秀毕业生等荣誉。2015 年 8

月博士毕业后到中国科学院新疆生态与地理研究所从事科研工作，毕业后与 Paolo Gamba 教授的合作一直延续至今。

得益于参与"龙计划"项目，本人的专业研究、对外学术交流及国际科技合作能力得到显著提升，这使我快速成长起来，助我获得诸如新疆维吾尔自治区高层次人才引进、中国科学院青年创新促进会、第九届新疆青年科技奖、中国测绘学会 2019 年测绘科学技术进步奖等人才项目与科技奖项。

"龙计划"对我的改变，不只在学术领域

尹 嫱

（北京化工大学 副教授）

从 2008 年夏天的"龙计划"二期启动会开始，有幸跟随我的导师中国科学院电子学研究所洪文研究员开始加入极化干涉主题的研究。其间，多次参加"龙计划"年会，准备会议报告和展示会议论文，并组织研究生参与"龙计划"项目的各项工作。在"龙计划"高级陆地遥感培训班上，从最初的学员，到培训班主要组织者，再到成为助教和正式授课教师。与极化干涉主题的中欧双方专家学者的长期交流合作，使我对极化干涉研究领域的认识和自身的研究水平都得到了很大的提升。

2014 年在"龙计划"项目的资助下，我赴意大利欧洲空间局欧洲空间技术研究所 ESA-ESRIN 进行访问学习，完成卫星 SAR 数据的土壤湿度反演模型和方法的研究项目。之后在该研究方向获得博士学位，并成为遥感领域的一名高校教师，同时也担任"龙计划"四期项目中方 Co-PI。此外，由于中欧深度合作交流的经历，经"龙计划"项目主管领导 Yves-Louis Desnos 博士和导师洪文研究员的共同推荐，我担任了 IEEE 地学与遥感协会亚太地区的发展负责人。

在"龙计划"项目的执行过程中，我与欧方 Eric Pottier 教授、Shane Cloude 教授、Laurent Ferro-Famil 教授、Stefano Telbaldini 教授等都建立了良好的学术联系。我参与了 Eric Pottier 教授和 Shane Cloude 教授两本极化著作的翻译工作，成为其中文版的主要译者。此外，还负责开发完成了欧洲空间局极化干涉软件 PolSARpro 中土壤湿度反演算法的模块。2016 年 Eric Pottier 教授到访我所在的北京化工大学信息科学与技术学院，开展了为期两周的学术交流活动，包括学术讲座、学术研讨会、指导学生论文、项目研讨等，进一步促进了双方的深度合作。Eric Pottier 教授的学术水平和科研热情在极化圈内早有口碑，但他给我影响更深的是讲授知识过程中的深入浅出和对学生的耐心引导。对于学生提出的问题，他总是能用一种学生可以快速理解的思路或类比方法来解答。

在访问欧洲空间局期间，我对欧洲的历史文化和艺术也产生了浓厚的兴趣，阅读了全套《罗马人的故事》（十五册）共 300 万字，参观顶级的博物馆美术馆，跟欧洲空间局的同事一起参加意大利语学习班。在我回国之后，仍然与欧洲空间局的一位同事通过 Skype 经常对话，保持练习意大利语的习惯。

中欧"龙计划"合作对于我个人的改变，不只在学术研究领域，还在我的职业发展道路上，以及我对欧洲文化的感知中。

开放的"龙计划"塑造了开放的我

王 腾

（北京大学地球与空间学院　助理教授）

　　我于 2003 年加入武汉大学测绘遥感信息工程国家重点实验室廖明生教授团队开始接触合成孔径雷达。第二年，廖老师参加了当时刚启动的"龙计划"项目地形测绘专题，合作方是意大利米兰理工大学的 Fabio Rocca 教授团队。前面总是在组会听到廖老师讲起关于"龙计划"的事情，但我第一次真正接触是 2005 年参加在首都师范大学举办的"龙计划"陆地遥感培训班。欧方派出了 Fabio Rocca、Eric Pottier、Bob Su 等各个陆地遥感领域的知名专家为中国青年学者上课，参加培训的人数达到了 100 多人。Fabio Rocca 教授在课堂上提出了一个关于干涉相位解缠的问题，所有学员中只有我和另一位青年学者各答对了问题的一半，可见当时我国大多研究机构刚开始接触雷达遥感，对于许多问题的理解还不是很深。最终我在那次培训中获得了最佳学员奖，也接触到了当时遥感领域最前沿的理论和技术。

　　培训结束后，廖老师安排我陪同 Fabio Rocca 教授到完成蓄水不久的三峡库区考察。我们先是到了宜昌，然后从那里上船一起开始了三峡之旅。在船通过船闸后，我们被抬升了 100 多米，来到了高峡出平湖的三峡库区。当时已是深夜，我们站在船舷边，看着夜色中的三峡两岸聊起了天。我说起中学时代的理想一直是做一名生物学家，结果阴差阳错地学起了测绘和遥感，但是我今后还是想做一名科学家。Fabio Rocca 教授告诫我做科学的人永远要争取去做那个第一个发现新知识的人，而做技术方面的研究要提供最好的工具来解决科学和实践中的问题。这次谈话令我受益匪浅，也是我第一次深入地去思考究竟将自己的研究放在科学上还是技术上的问题。那次三峡之行结束后，Fabio Rocca 教授和李德仁院士、龚健雅院士、廖明生教授一起促成了武汉大学和米兰理工的联合培养博士计划。龚健雅院士还亲赴意大利和米兰理工大学，签订了通过答辩的前提下两校均授予博士学位的协议。我作为此项目的第一个学生，获得了由米兰理工大学提供的奖学金，解决了我在意大利生活、学习的后顾之忧。

除了培训班，"龙计划"每年还会开一次学术研讨会，一年在中国，一年在欧洲，中欧同行聚在一起总结一年的工作，并进行学术交流。2006 年夏天，即将在武汉大学和米兰理工大学开始博士阶段学习的我参加了"龙计划"一期第三次会议，并获得了口头报告的机会。在美丽的丽江，我第一次和众多欧洲同行面对面地进行交流，并开始了赴意大利留学的准备。会议期间，参会的李德仁院士、廖明生教授及双方的博士研究生留下了这张珍贵的合影，如图 1 所示。

图 1　"地形测量"团队在丽江虎跳峡地质考察时的合影（2006 年夏）

2007 年 9 月，我到达米兰，开始我在米兰理工大学的学习生活，身份变成了"龙计划"欧方参与人员。在意大利的第一年，我和 Fabio Rocca 教授团队的成员充分交流，如饥似渴地学习关于雷达遥感的前沿知识，并迅速在三峡库区巴东

新老城区的滑坡监测中取得了一些阶段性成果。2008 年 4 月，我回到北京参加"龙计划"二期启动会议，并在那次会议中得到了最佳张贴海报奖，引起了不小的关注。随后我又回到米兰继续对三峡地区进行研究，并于 2009 年年底完成了自己的博士论文，获取了三峡大坝及库区 2003—2008 年的形变观测，并分析了三峡大坝变形与水位之间的关系。我分别在米兰和武汉进行了博士论文答辩，均得到了答辩委员会全优的评价，并顺利获得两校双博士学位。答辩前，我参加了在西班牙巴萨罗那举行的"龙计划"二期第二次会议。图 2 中我与武汉来的老师和同学等待会议开始。

图 2   与李德仁院士等一起出席"龙计划"二期 2009 年度研讨会

博士毕业后，想当一名科学家的理想始终在我脑海中无法抹去。这时，我看到了当时刚成立一年多的沙特阿卜杜拉国王科技大学的 Jonsson 教授在招博士后。Jonsson 教授一直从事将 SAR 数据应用在地球物理方面的研究，我懵懵懂懂地觉得这好像更接近我一直想做的地球科学。我的两位导师廖明生教授和 Fabio Rocca 教授对我的决定都非常支持，给我写了两封评价颇高的推荐信，使我顺利地来到了红海边上外人眼中还有些神秘的小镇图瓦，开始了我的博士后研究。

至此，在得到"龙计划"一、二期 7 年不断的帮助和支持后，我离开了"龙计划"，开始了相对独立的研究工作。就像刚刚离开鸟巢呵护飞向蓝天的小鸟，一开始的尝试不是很顺利，关于地震、火山等领域新的研究方向和问题使我不断陷入困惑和自我怀疑之中，但是在参与"龙计划"项目过程中形成的开放心态帮助我不断吸收新的知识。终于，在和 Fabio Rocca 教授三峡游船上夜谈 10 年之后，我作为合作作者第一次在 *Nature Geoscience* 上发表了关于 2015 年尼泊尔地震的文章，在这篇文章中主要负责利用 SAR 影像中的幅度信息获取同震形变的工作。而这颗 SAR 卫星，正是采用 Fabio Rocca 教授提出的 TOPS 模式成像的欧洲空间局哨兵 1 号（Sentinel-1）雷达卫星。我的成果是该卫星在轨运行后第一次捕获到大地震同震形变场。我也有幸先于欧洲同行将这一成果用于对地震学的研究，参与完成了利用哨兵 TOPS 数据进行大地震研究的第一篇文章。"龙计划"将我带入了雷达遥感领域，而我也一直追随了心中想做一个科学家的梦，把"龙计划"中学到的本领用在了地球科学研究上。

2018 年年底，我回国到北京大学工作，回首发现"龙计划"已经开展了四期，第五期也马上就要启动。近 16 年，在遥感和测地学领域工作的中欧学者没有不知道"龙计划"的。相比一些国家的不断封闭，欧洲空间局对华开放的态度令人尊敬。在"龙计划"的塑造下，保持开放的心态，不同学科之间深入的交叉和融合已经深刻融入我的研究理念中，促成了我与同行，与不同学科的专家不断合作，不断做出新的科学发现。

从我个人的经历来看，回顾四期"龙计划"实施的这 16 年，在李院士、龚院士、廖老师等老一代学者的不断帮助下，80 后一代虽然暂时还不能说与欧洲同行并驾齐驱，但我们相信也已经追到了望其项背的程度。对于我们这一代人而言，这是一个从师生关系转变为合作伙伴的过程，也希望在新的"龙计划"合作研究中，我国自己的遥感数据能够不断扩大共享，为欧洲同行提供更多的数据源，为"龙计划"做出更大的贡献。祝福"龙计划"第五期在新的征程中取得更大的成就！

The Beautiful Story between Dragon and Me

Timo Balz

（武汉大学测绘遥感信息工程国家重点实验室　教授）

Dragon-1, Sleeping Dragon

My first contact with China was unrelated to the Dragon programme. As I decided, for reasons that in retrospect are a bigger mystery than ever, to study Chinese and that the best place to do that would be in China, I didn't even know that the Dragon program existed, which is fair because it just launched in the same year: 2004. It did, however, already directly influence my life. I arrived in Wuhan with a scholarship from the German Academic Exchange Service（DAAD）and the Chinese Scholarship Council（CSC）to study the Chinese language. I did this while taking a break from my PhD studies at the University of Stuttgart, Germany, and so I decided to also get in contact with the State Key Laboratory of Information Engineering in Surveying, Mapping and Remote Sensing（LIESMARS）, to at least keep in touch with SAR remote sensing. So, LIESMARS put me in touch with my later supervisor and mentor Prof. Mingsheng Liao, whom was selected because of the newly started Dragon programme and him being the go-to expert for international cooperation in the SAR field. Although, in all honesty, I did not do much work with respect to remote sensing in this year from

2004 to 2005, the seed was planted.

Instead of studying hard towards my PhD, I worked with limited success on improving my Chinese language skills, but was more successful in learning on China and contemporary Chinese culture, which is a sophisticated way of saying I goofed around, focusing on private matters and getting married.

Such steps can put things into a new perspective though and after returning to Germany, I worked with fresh energy and clear goals on finishing my PhD, which I finally did in 2007. Afterwards, we, that is my wife and me, decided to go back to China and I was lucky enough being offered a Post-Doctoral position at LIESMARS starting in 2008.

Dragon-2, Year of the Dragon

I was coming back just in time to join Dragon-2 in 2008. Coming back is always different and it takes time to get accustomed. 2008 was an eventful year for China. I remember vividly the extremely cold winter when we arrived in 2008, where roofs collapsed under the weight of the extraordinary amount of snow in Wuhan at this year. In spring, in the afternoon of May 12, I felt the shaking, but I couldn't understand that this is how an earthquake feels from afar. Shortly after the messages arrived with the constant beep-beep-beep sound of incoming mail and short messages. Sichuan was struck by an enormous earthquake, unimaginable damage from the quake itself as well as from numerous triggered landslide events.

With the just recently launched TerraSAR-X and Cosmo SkyMed satellites, high-resolution SAR data of the affected areas became quickly available. In terms of the Dragon programme, this also ignited our interest in using high-resolution SAR data as well as started our closer relation with the data providers, which offered us unique possibilities in using commercial high-resolution data for research projects in Dragon-2, especially for surface motion estimation over Shanghai.

What always fascinated me during Dragon-2, was the immediate use and the high value especially the first Dragon program played in the development of InSAR at LIESMARS. It always was my impression during my first year in Wuhan, which

coincides with the beginning of Dragon, that the knowledge of InSAR was quite limited. However, the first four years were well invested, as in Dragon-2, both sides developed the research projects in close cooperation, slowly changing from a teacher-student like relation, to a joint research project. Furthermore, in this time we also started to disseminate the knowledge in China, with LIESMARS as one of the main research centers for SAR interferometry in China, thanks to Dragon.

In that time I started working on InSAR and doing so with high-resolution TerraSAR-X data. Until today, the quality and elative ease of handling impresses me, but also spoiled me from the beginning. Starting working on InSAR with TerraSAR-X, is like learning driving on an automatic. If you later need to switch to manual, you will have a hard time. Many processing steps that are necessary to solve orbit problems or other issues, I had to find much later, as they are not necessary with TSX. So, in Dragon-2, I mainly worked and learned about high-resolution InSAR and urban TomoSAR using the new TerraSAR-X data.

Dragon-3, Tears of the Dragon

In 2010 my Post-Doctoral fellowship ended and I became associate professor with LIESMARS. Accordingly, I got more responsibilities in the Dragon program and became included in the administrative parts, e.g. in the application for Dragon-3.

I would say after 8 years of cooperation, it can become normal to get a bit tired and less enthusiastic about it. Also, at least in terms of InSAR research, the period from 2012-2016 had a lack of new impulses. We worked with high-resolution SAR in Dragon-2 and the new impulses from the globally available Sentinel-1 data, where not yet available. The widespread and global availability of Sentinel-1 just started in 2015 and did not yet influence our research work in Dragon-3 very much.

On the exciting side, I had the opportunity to teach at a Dragon-3 land training course held in Tianjin. This was a great opportunity and very exciting thanks to the bright minded and highly motivated students joining the course.

Another point, I assume nobody who joined it will ever forget, was the last meeting of Dragon-3 in Wuhan. It coincided with the worst flash flood Wuhan suffered from in years. Wuhan suffered from many destructive floods in the past, until the construction of the Three Gorges Dam was finished. This flood however was mainly caused by an extreme rain event falling on top of an already soaked underground from previous long-lasting strong rainfalls. That was just too much and in the morning of July 6, 2016, I found myself needing to get to Wuhan University from home, as I had to chair the first session. Finding the outside of my door under water, I decided to leave my car and take the metro, which, in retrospect, was partly a smart decision, because I would have never reached the university that day by car, partly was a stupid decision, because I would at least have stayed dry in my car or by just staying at home.

I reached the metro station, which just needed some climbing and some waddling through foot deep water.

The metro was working, but it didn't reach my final destination, I had to get out a couple of stations earlier. Here I should have waited, as the metro resumed normal service shortly afterwards. Instead I decided to try my luck and walk the rest. Let's say, I did reach Wuhan University, but was soaked. I did take some clothes to change, foreseeing that possible outcome. After changing in my office and reaching the conference room, the new clothes became wet again on the way. It was crazy.

Some of the visitors had to be taken by boat from the hotel to the bus, most participants had a crazy story about the rain. As I said, I guess nobody will forget that workshop.

Dragon-4, Dragon Attack

As I became full Professor with LIESMARS at the end of 2015, it was again time to take on more responsibilities within Dragon-4. With the new scheme in Dragon-4, larger teams are formed, led by lead investigators forming a larger project consisting of sub-projects with independent principal investigators. So, I applied as PI under the lead of our long term partnership.

In Dragon-4 our larger team went back to become more active. We organized various exchanges with the different partners and are jointly working on new research projects, not only in the smaller PI-based projects, but in different combinations within the larger

project.

Scientifically spoken, Sentinel-1 is certainly dominant. However, now Chinese SAR satellites, here especially GaoFen-3, are available and being used. Additionally, we are working more towards long-wavelength radar applications.

Conclusions and Outlook

Spending more than 12 years in China and almost as long in Dragon let one see myriads of changes. Looking back these changes become apparent in every aspect of life. Moving from Post-Doctoral research fellow to Full Professor, from member of the Dragon team to PI, are huge changes. However, nothing compared to the changes in the scientific and work environment happening in parallel.

In the very beginning, being a foreigner at LIESMARS, one was being considered exotic. It was smiled upon and certainly LIESMARS did not get the credit it already deserved at that time. However, that changed. Wuhan University is nowadays ranked number one in all universities world wide in the field of remote sensing. With LIESMARS forming the research spearhead for the remote sensing research at Wuhan University, the tremendous work and the excellent results of my colleagues are becoming visible. With the formation of the International Academy of GeoInformation, we have numerous foreign students and it is far less exotic to be a foreigner in Wuhan now. These are tremendous changes and I am happy to play my part in it, the same way a drop of water plays its part in a gigantic wave.

Dragon created many such stories. This is the true beauty of Dragon. It gives us the opportunity and a good reason to come together, work together, meet each other and exchange not only scientific knowledge. In this way, I believe it is an extremely successful programme. But, it also depends on what the participants and project partners do with these opportunities. The Dragon programme did form my life and it had lasting effect on many friends and colleagues of mine. Now, I am looking forward to accompany the next generation of Dragons to roam the vast scape of unexplored scientific questions in Remote Sensing and possibly beyond.

在"龙计划"合作中成长、开拓与发展

谭 琨

（华东师范大学 教授）

"龙计划"作为地球观测与遥感领域中欧长期合作的项目，取得了诸多标志性的成果，推进了中欧遥感科技创新与人才培养。作为一名环境遥感领域的科研工作者，本人博士期间跟随导师杜培军教授从 2008 年开始，参加了"龙计划"二期项目 Satellite Monitoring of Urbanization in China for Sustainable Development（服务可持续发展的中国城市化卫星监测）。2010 年工作后，持续和杜培军教授合作参与"龙计划"三期项目 Multi-temporal Multi-sensor Analysis of Urban Agglomeration and Climate Impact in China for Sustainable Development（为可持续发展服务的中国城市化研究及其对气候的影响）和四期项目 EO Based Urban Services for Smart Cities and Sustainable Urbanization（基于地球观测的城市服务：智慧城市和可持续城镇化）。在项目合作过程中，与欧方意大利 University of Pavia 的 Paolo Gamba 教授协同攻关，在环境遥感研究方面取得了较好的成果，合作发表多篇高水平论文。通过参加"龙计划"项目的研究，个人有一些感受和认识，特与同行专家分享如下。

"龙计划"合作有力支持了在研项目的推进和论文的发表。通过与 Paolo Gamba 教授合作，2009—2011 年课题组多次邀请 Gamba 教授来中国矿业大学访问，除了进行学术报告外，其作为 *IEEE GRSL* 的主编，对我们课题组的师生多次进行论文撰写和发表方面的指导，并合作多篇高水平论文。2011—2019 年，课题组多次邀请 Gamba 教授去南京大学访问，并数次在城市遥感国际会议上进行面谈，推进在研项目的顺利进行。

"龙计划"合作提供了更为广泛的国际合作桥梁。通过与Gamba教授合作，结识了西班牙的Antonio Plaza教授，本人于2009—2010年在西班牙的埃斯特雷马杜拉大学遥感实验室访学一年，在访学期间访问了Gamba的意大利实验室，推进"龙计划"项目的合作。

"龙计划"合作为青年学者学术提升与持续发展奠定了坚实基础。在参与"龙计划"项目期间，本人取得了一系列成果，在 *IEEE TGRS*、*JSTARS*、*GRSL*、*ISPRS PE&RS* 等期刊上发表学术论文，并于2015年年底被破格提升为教授。这一系列成果的取得，离不开中欧"龙计划"项目合作的培育，参加国际合作项目，不但结识了很多国际友人，更进一步推进了本人的研究。

总之，良好的国际学术合作关系逐步让本人深入接触到国际同行的相关经验和欧洲空间局的遥感卫星数据，如TerraSAR、哨兵数据、高光谱数据等。这些宝贵的经验和数据扩充了本人研究课题的数据覆盖范围，并为提升研究算法的适用性提供了强有力的数据支撑，让我在之后的遥感探索道路上不断实现自我提升和价值辐射。充分利用"龙计划"带来的国际资源和学术交流合作机会，紧密围绕国家发展战略，瞄准国际科学发展前沿问题，更能进一步推动遥感智能信息处理与高光谱遥感反演的发展。

大道至简

曹彪

（中国科学院空天信息创新研究院　副研究员）

2010 年夏天，我完成了中国科学院研究生院基础课程的学习，坐在导师柳钦火研究员的办公室里，第一次听他跟我讲遥感基础理论的重要性，遥感科学与遥感技术的边界，遥感建模、反演、应用的相互关系，以及先把书读厚后把书读薄的道理。

我的博士论文课题的背景是我国地形复杂、地块破碎，广泛存在的混合像元导致经典的均质像元建模理论不再适用，进而制约了地表温度等参量的反演精度，柳老师希望我能够提出考虑混合像元的实用化模型来解决这一难题。从理解单叶片的参数定义，多叶片的角度分布函数，冠层的单向孔隙率、双向孔隙率等基础概念出发，我开始了把书读厚的过程。

2012 年夏天，我的研究取得了一些进展，但是困于没有针对混合像元的多角度验证数据。恰逢由中国科学院寒区旱区环境与工程研究所李新研究员和荷兰代尔夫特理工大学 Massimo Menenti 教授联合负责的中欧"龙计划"二期项目"中国干旱地区典型内陆河流域关键生态—水文参数的反演与陆面同化系统研究"在甘肃省张掖市五星村开展异质性地表加密观测实验。我作为地表温度同步观测小组的成员参与了为期两个多月的实验，学习到很多地面实验方法，且在田间地头真切体会到遥感观测的不确定性。

2013 年，由中欧"龙计划"的中方首席科学家中国林业科学研究院资源信息研究所的李增元研究员牵头的科技部 973 计划"复杂地表遥感信息动态分析与建模"项目正式启动了，柳老师负责第一课题"复杂地表遥感辐散射机理及动态建模"。

我是这个课题的研究骨干之一，参与了项目组在云南普洱市和内蒙古根河市组织的星机地同步实验，进一步为我博士论文的研究积累了高质量的数据。

在李增元老师的支持下，柳老师与 Massimo Menenti 教授在"龙计划"三期合作了一个项目，力图利用中欧遥感卫星一级数据生产多源水文参数的时序产品，需要攻克数据定标、多源反演算法、共性产品生产及真实性检验等关键科学问题。那时，我对异质性地表的水热关键参数—地表温度的方向性刻画问题提出了第一个解析模型 CCM，并于 2014 年夏天顺利拿到博士学位。而后留所工作，开始担任 973 计划项目第一课题的秘书。

经过半年多的筹划，2016 年夏季秋季，973 计划项目组 100 余人次在大兴安岭根河生态保护区开展了崎岖地形森林下垫面的星—机—地加密观测实验，我担任了整个实验的技术负责人，涉及地面样方的布设、航空飞行机组的协调、无人机飞行方案的确定及地面测量的进度跟踪等。通过这次实验，我的组织协调能力得到提高。数据获取回来之后，我们发现公里级别的三维森林场景的重建仍然面临着很大困难，需要学习借鉴国际同行的经验。

柳老师建议我邀请在"龙计划"里非常活跃的法国生物圈空间科学研究中心（CESBIO）的 Jean Philippe Gastellu 教授来华讲座，并就大尺度三维森林场景的重建问题展开深入合作。Gastellu 教授开发的 DART 模型，在四届国际辐射传输模型竞赛（RAMI）中均具有优异的表现。他非常愉快地答应了我们的邀请，并推荐新加坡—麻省理工学院联合研究中心的尹天罡博士来做助教，由我具体组织这次培训班。

国内同行积极响应，首届培训班有北京大学、北京师范大学、北京航空航天大学、北京理工大学、华东师范大学、中国林业科学研究院、中国科学院地理科学与资源研究所、中国科学院遥感与数字地球研究所等十几家单位共 50 余名科研人员参加，反响热烈。2017—2019 年，由中国科学院遥感数字地球研究所、南京大学、北京师范大学进一步承办了 DART 培训班，培训内容涉及基础理论、大气遥感、植被遥感、荧光遥感、热红外遥感、LIDAR 遥感等诸多主题，一大批从事定量遥感研究的研究生和青年学者从中受益。

让我印象深刻的有两件事情。一是每届培训班 DART 模型都要在期间更新多个版本，Gastellu 教授为了响应学员的问题，常常每晚只睡 4 小时，并让法国课题组的同事加班加点更新代码发布新版本，其办事效率让我很惊讶。二是我曾私下问他对培训班的最大感受，他回答我说非常钦佩中国在学生留学与培训方面的投入和中国学生的好学之心，照现在的状态持续下去，终有一天中国会赶上来，达到国际领先。

鉴于研究方向的吻合度及前期良好的合作基础，2018 年我在法国 Gastellu 教授课题组访学了一年。这段留学经历让我受益匪浅，在法国期间我直接参与了欧洲空间局新载荷 LSTM 的论证项目，与欧洲多位热红外遥感领域的专家建立了合作关系。完成了一篇规模宏大的综述论文，全面总结了植被、土壤、冰雪、海洋、城市等下垫面的热辐射方向性模型研究的发展历程与当下不足之处，发表在遥感顶级期刊 *RSE* 创刊 50 周年的特刊上。

这篇综述论文得到了法国生物圈空间科学研究中心的 Gastellu 教授、Jean-Louis Roujean 教授，法国农业科学研究院的 Frédéric Jacob 教授、Jean-Pierre Lagouarde 教授，以及葡萄牙海洋与大气研究所的 Isabel F. Trigo 教授的诸多帮助，他们一共给我修改了十几轮，提出了 100 多条修改意见。经过再三打磨，我们于 2018 年 10 月投稿。2019 年 10 月，该论文正式出版，全文 29 页，长度是常规论文的 2 倍。

距离第一次在柳老师办公室跟他畅谈，时光匆匆，已经过去 9 年，旨在推动中欧遥感领域合作的"龙计划"从二期延续到了四期的尾巴上，我也从一名研究生成长为一名副研究员，我觉得自己这些年来对遥感基础理论的重要性，遥感科学与遥感技术的边界，遥感建模、反演、应用的相互关系等问题有了更加深刻的认识，但是我在把书读厚之后还没能把书读薄。不过我坚信只要我持续努力融会贯通终会迎来那一天，正如 Gastellu 教授坚信中国遥感研究会在政府的持续投入和"龙计划"等国际合作框架的推动下会变得熠熠生辉。

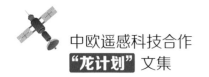

"龙计划"的青年人才培养

夏俊士

（中国矿业大学　教授）

　　"龙计划"是由国家遥感中心和欧洲航天局对地观测部共同实施的长期国际合作项目，在取得标志性的成果同时，为中欧双方培养了一大批优秀青年遥感科技人才。

　　本人作为城市遥感的青年研究人员，十分荣幸在研究生涯初期能够充分接触到"龙计划"，并从该项目中受益匪浅，锻炼了自己的思维能力、实践能力和团队协作能力。从 2008 年硕士研究生开始，在导师杜培军教授的指导下，参加了"龙计划"二期至四期。通过参加"龙计划"项目研究，先后于 2013 年获得中国矿业大学博士学位，2014 年获得法国格勒诺布尔综合理工学院博士学位，2015 年在法国波尔多大学进行博士后研究，2016—2017 年受聘日本东京大学科研岗位，2018 年起在日本理化学研究所综合人工智能研究中心工作。对于"龙计划"在青年人才培养方面的作用，个人有以下感受。

一、国际合作与交流培养国际学术视野

　　"龙计划"项目参与国家多、领域多、专家多，为青年人员的培养提供了良好的国际合作与交流平台。本人所在的杜培军教授课题组与欧方 Pis（Yifang Ban 教授和 Paolo Gamba 教授）的课题组，在项目实施中进行了深入的探讨和交流。本人受"龙计划"资助前往德国慕尼黑与欧方 Pis 探讨项目进展。同时，"龙计划"会邀请国内外遥感领域的知名专家，定期举办培训班。另外，"龙计划"每年在中国、

欧洲各国具有重要历史文化特点的城市召开成果国际学术研讨会，本人曾有幸参加 2010 年在桂林举办的中期学术研讨会，有机会向中欧知名专家学习，并获得优秀青年报告奖，给以后的留学道路奠定了坚实的基础。

二、理论与实际相结合提升科研创新能力

"龙计划"研究项目涉及陆地资源与环境、海洋学与海岸带、灾害、地形制图等领域，每位青年学者能够在交叉项目中通过理论结合实际汲取新的知识、开阔新的视野。在参加"龙计划"项目之前，本人对遥感的认识相对比较匮乏。参加"龙计划"之后，从遥感数据平台、数据获取方式、数据处理方法及数据实际应用等方面，对遥感有了全面认识。同时，本人参加的子课题是中国城市化进程的监测等，曾和 Royal Institute of Technology 的 Yifang Ban 教授课题组相关人员到上海进行实地考察。

三、系统科研训练助力个人成长与发展

本人在参加"龙计划"项目过程中，研究能力、外语能力、团队协作能力得到进一步的提升。同时受到中方和欧方专家的悉心指导，无论从论文的撰写、国际会议的成果汇报、项目申请，还是个人综合能力方面都得到了极大的提高。"龙计划"的前期基础，坚定了自己研究能力的自信，使得本人在后续的法国攻读博士学位和进行博士后研究、日本东京大学和日本理化学研究所工作进展顺利。

"龙计划" 合作项目促进学生快速成长

刘　培

（河南理工大学　教授）

我是河南理工大学测绘与国土信息工程学院遥感中心的一名教师，在杜培军教授的指导下攻读硕士、博士研究学位。本人从 2008 年读研期间开始参与"龙计划"二期项目 Satellite Monitoring of Urbanization in China for Sustainable Development（服务可持续发展的中国城市化卫星监测）。参与项目期间，在博士生导师杜培军教授的悉心指导下，博士研究课题进展顺利，并受到国家留学基金委全额资助到"龙计划"欧方主要参加者意大利 PAVIA 大学的 Paolo Gamba 教授团队进行为期两年的联合培养。回顾成长历程，"龙计划"对我的帮助贯穿求学、成长、工作的每一个环节，起到了至关重要的作用。总结起来，主要体现在以下几个方面。

一、接触科研，产生兴趣

本人读研期间在杜培军教授的悉心引导和培养下接触科研，并参与中欧"龙计划"二期项目课题。最初使用 Landsat 和 MODIS 卫星数据进行科学研究，利用研究成果撰写的首篇城市遥感学术论文（Evaluation of Urban Heat Environment Using Multi-algorithm and Multi-scale Images，作者刘培、杜培军、曹文等）被国际城市遥感领域最高水平的学术会议国际城市遥感大会录用并参会交流。从此本人对城市遥感领域有了更深入的了解，并产生了浓厚的兴趣。

二、参与项目，获得提升

参与"龙计划"课题的过程中，在课题组的带动与帮助下，研究能力得到进一步提升。在导师杜培军教授的联系、推荐下，本人申请并获得国家留学基金委资助到意大利 PAVIA 大学、欧方参加者 Paolo Gamba 教授课题组进行博士学习联合培养，在意方课题组继续参与"龙计划"项目。其间，学术论文"Comparative analysis of ALOS passive and active data for building area detection（刘培、Paolo Gamba 等）"，"Evaluation and analysis of fusion algorithms for active and passive remote sensing image（Paolo Gamba、刘培等）"，"Urban climate zone detection and discrimination using object-based analysis of VHR scenes（Paolo Gamba，Giani Lisini，刘培等）"被 IGARSS 国际地球科学与遥感大会录用并参会交流。通过留学交流，我的研究能力和外语交流水平都得到了进一步提升。

三、成果积累，完成学业

通过参与中欧"龙计划"项目，有幸获得包括南京大学杜培军教授、PAVIA 大学 Paolo Gamba 教授等多名专家学者的指导、教诲。我对城市遥感领域的认识达到了空前的高度，从最初只知道 Landsat、MODIS 应用与地表分类，到对系列光学、雷达主被动遥感数据在城市制图、城市动态变化分析、景观格局与生态安全评价等都有了系统的认识和了解。城市土地利用覆盖与变化监测、城市专题信息提取与热岛监测、城市景观格局与生态安全评价、技术方法与实践，综合研究成果"Remote Sensing image interpretation for urban environment analysis：Methods，system and examples（杜培军、刘培、夏俊士等）"被期刊 *Remote Sensing*（IF=4.118）录用。

四、项目促进，持续发展

博士毕业后，本人到河南理工大学测绘与国土信息工程学院遥感中心工作。由于攻读博士期间参与"龙计划"项目的培养和锻炼，有了较为扎实的积累沉淀，在博士论文工作的基础上申请课题"基于半监督随机森林的城市地表覆盖主

被动遥感数据协同分类研究"获得了国家自然科学基金支持。毕业后已发表多篇高水平 SCI 学术论文，如 "Landscape Pattern and Ecological Security Assessment and Prediction Using Remote Sensing Approach（刘培、贾守军等）" "一种基于集成学习和特征融合的遥感影像分类新方法（刘培、杜培军等）" "An Improved Urban Mapping Strategy Based on Collaborative Processing of Optical and SAR Remotely Sensed Data（韩瑞梅、刘培等）"。工作期间，再次获得国家留学基金委资助以访问学者身份到英国知山大学访问交流，合作研究成果 "A Geospatial Decision Support Framework for Urban Ecological Security（刘培、Paul Aplin）" 被英国遥感与摄影测量学会（RSPSco）录用并参会宣读交流，合作研究成果 "A Geospatial Decision Support Framework for Urban Ecological Security Assessment of a Metropolitan City in Central China（刘培、Paul Aplin）" 已投往高水平学术期刊 *Landscape Ecology*，并于 2019 年 9 月合作申请中英联合项目 "面向城市空气质量评估卫星影像分类与高分辨率气溶胶反演"。

回顾整个成长经历，从读研开始了解科研到如今成为所在单位的研究骨干，接触"龙计划"项目是我接触科学研究的开始，参与"龙计划"项目加速了我的成长过程、培养了我的科研能力和科学视野，为我今后的发展打下了坚实的基础。中欧"龙计划"项目对我的帮助贯穿整个科研能力的培养始终，并对我今后的发展也起到了有力的推动和促进作用。

培养青年学者的国际平台——参加 "龙计划" 项目十五载有感

赵　卿

（华东师范大学地理科学学院　副教授）

至今我还清楚地记得 2006 年当走进我的导师廖明生老师的办公室讨论今后 3 年的研究生学习的时候，廖老师拿出了一本蓝色的小册子给我看，上面写着"龙计划"项目，上面的英文那时我还不能完全理解，廖老师非常耐心地给我讲"龙计划"，老师让我加入项目并鼓励我要好好做项目。研究生时的我真是感到荣幸至极可以加入这么高层次的国际合作项目，同时也暗自告诉自己一定要好好努力，做好项目。研究生毕业论文所用的 ENVISAT ASAR 数据全部都是在"龙计划"项目支持下获取的，有了数据的支持和保障，我完成了毕业论文，学会了如何进行时序雷达干涉测量分析。

2012 年我进入华东师范大学工作，接近寒假时我在网上看到了"龙计划"三期项目申请通知。那时很想申请，但又不敢申请，想着大概只有大科学家、教授才有可能拿到项目吧，对于刚起步的青年学者拿到的可能性不大吧。但是知道"龙计划"非常重要，就决定即使最后没拿到也还是要试试，至少自己试过了，有写国际合作项目申请书的经验和经历也很好。于是一个寒假我都在忙碌写"龙计划"三期项目的申请书，提交项目书的时候内心特别忐忑。2012 年 4 月 23 日当我收到 NRSCC 和 ESA 的邮件，通知项目已批准立项的时候，我简直高兴地都要跳起来了，非常感谢"龙计划"项目给了刚刚起步做科学研究的我一个高层次的国际平台，让我有机会能够和对地观测领域的中、欧科学家坐在一起交流，向优秀的国内外

领域内的顶尖科学家请教、探讨科学问题。

2013 年第一次参加"龙计划"三期项目启动会做报告时，面对坐了一个大会场的科学家们，我紧张极了，内心想着一定要好好地完成项目（图 1）。

图 1　2013 年第一次参加"龙计划"三期项目启动会做报告

2015 年在瑞士的 Interlaken，我做了"龙计划"三期中期项目成果汇报，这次会议令我非常难忘，会上我认识了很多国内外的优秀科学家，我们一起爬雪山，一起讨论科学问题。至今我的办公室还贴着 Interlaken"龙计划"三期中期项目国际学术研讨会的宣传页，不舍得取下（图 2）。

经过 4 年的努力，2016 年终于圆满完成了"龙计划"项目三期结题（图 3）。2016 年更多的老师加入我们，在"龙计划"三期项目的基础上，我们开始了"龙计划"四期项目，有了"龙计划"项目三期的工作基础和经验，在大家的共同努力和合作下，"龙计划"四期项目我们获取了更多的成果。欧方的科学家还受到了国家外专局高端外国专家项目的支持，连续 4 年来访华东师范大学工作交流。

2018 年在西安"龙计划"四期中期成果国际学术研讨会上我们项目组的成员做了汇报。参加会议的有我的老师、我的学长、我的学弟学妹。这个高层次的国际大平台培养了我们，给了我们最好的机会，给了我们最强有力的支撑，帮助我们实现了人生的理想。衷心感谢"龙计划"项目，培养我十五载，让我从一个普普通通的学生，成长为一个青年学者。

图2 2015年在瑞士Interlaken召开的"龙计划"三期中期成果国际学术研讨会
全体参会者合影

图3 2014年"龙计划"三期中期成果国际学术研讨会合影

"龙计划"与我同行

马耀明

（中国科学院青藏高原研究所　研究员）

     在"龙计划"的合作框架下，中欧双方联合科研队伍，围绕"第三极"地区多圈层相互作用过程，成功实施了"龙计划"二期、三期和四期项目，取得了一大批具有国际先进水平的研究成果，有效促进了中欧地球观测应用水平的提高和遥感技术应用领域的拓展。此外，借助"龙计划"这一平台，中欧双方共享卫星遥感数据，加强了双方在卫星数据应用及共享方面的合作交流。

     同时，"龙计划"给青年人才提供了成长锻炼的机会，在中欧PI（马耀明研究员和苏中波教授）的倾心培养下，项目大批青年伴随着"龙计划"成长成才，如仲雷成为教授并获得国家自然科学基金优秀青年基金资助；马伟强、陈学龙、王宾宾和韩存博成为"百人计划"研究员；李茂善晋升教授职位。"龙计划"每年定期举办的双边国际学术交流会议促进了中欧对地观测领域研究人员广泛深入的科学交流。而每期举办的遥感高级培训班更是为双方培养了一大批后备人才。龙计划定期开展的培训课程充分体现了理论联系实际的培训宗旨，学员既学习了卫星对地观测领域的基础理论知识，同时结合实例，学习了常用对地观测数据的处理方法等，为青年学者更好地开展卫星遥感应用研究打下了良好的基础。通过这一平台，研究生可以聆听国际专家高水平的学术报告，同时提高数据分析的技能；博士后和青年科研人员可以拓宽研究视野，进行广泛的科学交流，为今后的职业生涯提供帮助。

　　中欧科技合作一直是中欧全面战略合作伙伴关系中的重要组成部分。作为中欧在地球观测领域国际科技合作的典范，"龙计划"取得了令人瞩目的成果，希望中欧双方未来继续加强合作，不断拓展合作领域，携手推动中欧科技合作再上新台阶。

"龙计划"之歌——《相聚》

唐丹玲

（中国科学院南海海洋研究所　研究员）

这里有座龙脉叫昆仑

山的巍峨龙的图腾

那里有条运河叫莱茵

河的蜿蜒龙的脉络

我呼唤你

你握紧我

龙计划

让我们相聚

新一代

来参与

让世界

更诗意

江河湖海森林

我们遥感你的健康和深情

山川沙漠大气

我们观测你的脉动和呼吸

蓝色的星球啊
我们共同的家园
龙计划
让你更美丽

中欧遥感科技合作"龙计划"文集

附 录

中欧遥感科技合作"龙计划"
大事记

· 1997 年 5 月，为了扩展 ERS 数据的应用领域，科技部和欧洲空间局启动了第一阶段的合作项目，包括北京地区土地利用制图、洪水灾害监测、中国南方水稻监测和中国森林制图等项目。

· 2003 年 6 月，科技部部长徐冠华访问欧洲空间局，并与欧洲空间局局长 Jean Jancques Dordain 就加强在遥感领域的合作达成共识。

· 2003 年 9 月 30 日，欧洲空间局在意大利组织召开专题会议，讨论与中国在对地观测领域的新一轮合作框架，并将其命名为"龙计划"。

· 2003 年 10 月 20 日，"龙计划"第一次工作会在北京召开，国家遥感中心专家代表李增元主持会议，科技部高新司处长尹军及欧洲空间局对地观测科学与应用部主任 Stephen Briggs 等 34 人参加会议（附图 1）。

附图 1　2003 年 10 月 20 日"龙计划"第一次工作参会代表合影

·2004 年 4 月 27—30 日，"龙计划"一期启动会暨 2004 年学术研讨会在福建厦门召开，福建省政协副主席、福建省空间信息工程研究中心主任王钦敏、国家遥感中心主任张国成、欧洲空间局对地观测部主任 Jose Achache 等出席会议。

·2004 年 10 月 25—30 日，"龙计划"第一届海洋遥感高级培训班在中国海洋大学举办，共有 78 名学员参加了此次培训，科技部高新司司长邵立勤出席开幕式并讲话。

·2005 年 10 月 10—11 日，"龙计划"奥运项目协调会在北京方正大厦举行，中方专家代表李增元、高志海，欧方代表 Yves-Louis Desnos、Andy Zmuda，北京市信息资源管理中心主任李军、陈桂红，希腊雅典大学 Iphigenia Keramitsoglou 和 Costas Cartalis 参会。

·2005 年 10 月 10—15 日，"龙计划"第一届陆地遥感高级培训班在首都师范大学举行，共有 150 名学员参加培训，科技部国际合作司副司长韩军、高新司副司长廖小罕，国家遥感中心主任张国成、副主任李加洪、首席专家李增元，首都师范大学校长许祥源和副校长宫辉力等领导参加开闭幕式。

·2006 年 10 月 16—21 日，"龙计划"第一届大气遥感高级培训班在北京大学举行，共有 55 名学员参加了此次培训，中方专家代表童庆禧院士、科技部高新司副司长廖小罕、国家遥感中心主任张国成等出席开幕式。

·2008 年 4 月 21—25 日，"龙计划"一期总结研讨会暨二期启动会在北京召开，国家遥感中心主任张国成宣读了科技部副部长曹建林的书面讲话，科技部高新司副司长廖小罕、国家遥感中心副主任金逸民、科技部高新司处长邢继俊、欧洲空间局国际关系部主任 René Oosterlinck 等领导参会，张国成主任和欧洲空间局对地观测部项目规划与协调服务处处长 Stafano Bruzzi 分别代表科技部和欧洲空间局正式签署了《中国科技部—欧洲空间局"龙计划"二期合作协议》（附图 2）。

·2010 年 5 月 17—21 日，2010 年"龙计划"二期中期成果学术研讨会在广西阳朔举行，科技部副部长曹健林、科技部国际合作司公参叶冬柏、国家遥感中心主任张国成、副主任景贵飞、广西科技厅党组书记陈大克、武汉大学李德仁院士、国家海洋局海洋二所潘德炉院士、欧洲空间局对地观测科学与应用部主任 Stephen Briggs、欧洲空间局法规事务和国际关系部干事 Karl Bergquist 等出席开幕式。

附图2　"龙计划"一期总结研讨会暨二期启动会正式签署
《中国科技部—欧洲空间局"龙计划"二期合作协议》

·2012年6月25—29日，"龙计划"二期总结暨三期启动会在北京举行。科技部副部长曹健林出席闭幕式并发表讲话，高新司副司长杨咸武、基础司巡视员张国成、国家遥感中心主任廖小罕、总工程师李加洪和欧洲空间局对地观测科学与应用部主任Maurice Borgeaud及参加"龙计划"的中欧双方科学家共366名代表参加了会议。廖小罕主任和Maurice Borgeaud主任分别代表科技部和欧洲空间局签署了《中国科技部—欧洲空间局"龙计划"三期合作协议书》（附图3）。

附图3　"龙计划"二期总结暨三期启动会签署《中国科技部—欧洲空间局
"龙计划"三期合作协议书》

·2014年1月10日，国家科学技术奖励大会上，习近平主席为"龙计划"合作"地形测量"项目欧方负责人 Fabio Rocca 教授颁发了2013年度中华人民共和国国际科学技术合作奖获奖证书。

·2014年5月26—28日，2014年"龙计划"三期中期成果国际学术研讨会暨"龙计划"十年成果总结会在四川成都举行。科技部副部长曹健林、高新司副司长杨咸武，国家遥感中心主任廖小罕、总工程师李加洪、童庆禧院士、李德仁院士，欧洲空间局对地观测科学与应用部主任 Maurice Borgeaud 主任，法规事务和国际关系部干事 Karl Bergquist 等出席研讨会。

·2014年9月30日，"龙计划"欧方首席专家 Yves-louis Desnos 被授予2014年度中国政府友谊奖，李克强总理、张高丽副总理会见了获奖专家，马凯副总理颁奖。获奖专家还参加了国庆招待会。

·2016年7月4—8日，"龙计划"三期总结暨四期启动会在武汉大学举行，科技部国际合作司副巡视员徐捷、处长李瑞国，国家遥感中心副主任景贵飞、总工程师李加洪、首席专家李增元，武汉大学校长李晓红、李德仁院士、龚健雅院士、欧洲空间局对地观测科学与应用部主任 Maurice Borgeaud、Yves-Louis Desnos 等出席大会开幕和闭幕式。李加洪和 Maurice Borgeaud 分别代表科技部和欧洲空间局签署了《科技部—欧洲空间局"龙计划"四期合作协议书》（附图4）。

附图4 "龙计划"三期总结暨四期启动会签署《科技部—欧洲空间局"龙计划"四期合作协议书》

·2017 年 11 月 28 日，国家遥感中心主任王琦安与欧洲空间局局长 Johann Worner 在欧洲空间局巴黎总部签署中欧温室气体监测合作意向书，双方一致同意将继续支持"龙计划"项目，并在已有合作基础上新增温室气体遥感监测应用联合研究（附图 5）。

附图 5　国家遥感中心主任王琦安与欧洲空间局局长 Johann Worner
签署中欧温室气体监测合作意向书

·2018 年中欧空间对话会于 11 月 26—27 日在布鲁塞尔举行，会议期间科技部副部长张建国与欧洲空间局局长 Johann Worner 签订《中国科技部与欧洲空间局合作协议》，明确中欧将继续开展"龙计划"五期乃至未来的合作（附图 6）。

附图 6　科技部副部长张建国与欧洲空间局局长 Johann Worner
签订《中国科技部与欧洲空间局合作协议》

·2020 年 1 月 16 日，科技部副部长王曦与来访访问的欧洲空间局对地观测部主任 Josef Ashcbecher 进行双边会谈，双方就中欧对地观测领域科技合作进行深入交流。同日，国家遥感中心主任王琦安与 Josef Ashcbecher 签署了《科技部国家遥感中心和欧洲空间局关于温室气体遥感监测及相关事宜合作协议》，极大促进了双方科技人员参与温室气体数据的应用和科学研究开放合作（附图 7、附图 8）。

附图 7　中欧双方参会代表合影留念

附图 8　国家遥感中心主任王琦安与 Josef Ashcbecher 签署
《科技部国家遥感中心和欧洲空间局关于温室气体遥感监测及相关事宜合作协议》

·2020 年 7 月 21 日，受疫情影响"龙计划"五期启动会通过线上形式召开，科技部副部长王曦、国际合作司副司长陈霖豪、欧洲处处长石玲、国家遥感中心主任王琦安、副主任吕先志、专家代表李德仁院士、首席专家李增元，欧洲空间局局长 Johann Worner、对地观测科学与应用部主任 Maurice Borgeaud、专家代表 Fabio Rocca 和 Yves-Louis Desnos 等出席会议（附图 9）。

·2021 年 7 月 19—23 日，"龙计划"四期总结暨五期年度汇报交流会以线上形式举办，科技部副部长黄卫、国际合作司副司长赵静、欧洲处处长石玲、国

附图 9　科技部副部长王曦和欧洲空间局局长 Johann Worner
出席会议并共同宣布"龙计划"五期启动

家遥感中心主任王琦安、副主任刘志春、中方首席专家李增元，欧洲空间局局长 Josef Ashcbecher、对地观测科学与应用部主任 Maurice Borgeaud、欧方首席专家 Yves-Louis Desnos 等出席会议（附图 10）。

附图 10　"龙计划"四期总结暨五期年度汇报交流会以线上形式举办

·2022 年 4 月 1 日，"龙计划"五期合作协议签署仪式在线举行，遥感中心主任王琦安、副主任刘志春、合作司欧洲处处长石玲、中方首席专家李增元，欧洲空间局对地观测科学与应用部主任 Maurice Borgeaud 和欧方首席专家 Yves-Louis Desnos 等出席会议。王琦安主任和 Maurice Borgeaud 主任分别代表科技部和欧洲空间局签署《中国科技部—欧洲空间局"龙计划"五期合作协议》（附图 11）。

附图 11　"龙计划"五期合作协议签署仪式在线举行

谨以此书，缅怀欧洲空间局为"龙计划"项目做出卓越贡献的 Andy Zmuda 博士！

This book is dedicated to the memory of Dr. Andy Zmuda, who made a significant contribution to Dragon Programme!